良木成境——庭院木艺景观打造

[英] A.&G. 布里奇沃特（A.&G.Bridgewater）　著

张小媛　译

中国水利水电出版社
www.waterpub.com.cn
·北京·

内 容 提 要

本书以详尽的文字说明和大量图片介绍了适合庭院修建的 15 个木工项目，从木板路、室外木板台阶、方格木板露台，到带沙坑的露台、长椅与护栏等都易于上手，几乎不需要太高深的技术，让你利用周末时间便能轻松打造出完美的休憩角落。无论你的专业水平如何，这本可操作性极强的指南都将为你提供详细的规划、搭建、维护室外木平台所需的必要知识。现在，就让我们跟着本书做个木工活儿，用自己的双手让家变得更温暖吧！

本书适合对庭院木工项目有兴趣的读者及庭院设计师阅读与参考。

北京市版权局著作权合同登记号：图字 01-2020-1554 号

Original English Language Edition Copyright © **AS PER ORIGINAL EDITION**

IMM Lifestyle Books. All rights reserved.

Translation into SIMPLIFIED CHINESE **LANGUAGE** Copyright © 2021 by

CHINA WATER & POWER PRESS, All rights reserved. Published under license.

图书在版编目（ＣＩＰ）数据

良木成境：庭院木艺景观打造 ／（英）A.&G. 布里奇
沃特著；张小媛译. -- 北京：中国水利水电出版社，
2021.1
（庭要素）
书名原文：Weekend Projects Decks & Decking
ISBN 978-7-5170-9120-2

Ⅰ. ①良… Ⅱ. ①A… ②张… Ⅲ. ①庭院－木工
Ⅳ. ①TU986.2

中国版本图书馆CIP数据核字（2020）第247786号

策划编辑：庄 晨 责任编辑：杨元泓 加工编辑：白 璐 封面设计：梁 燕

书　名	庭要素 **良木成境——庭院木艺景观打造** LIANG MU CHENG JING——TINGYUAN MUYI JINGGUAN DAZAO
作　者	［英］A.&G. 布里奇沃特（A.&G.Bridgewater） 著 张小媛 译
出版发行	中国水利水电出版社 （北京市海淀区玉渊潭南路 1 号 D 座 100038） 网址：www.waterpub.com.cn E-mail：mchannel@263.net（万水） 　　　　sales@waterpub.com.cn 电话：（010）68367658（营销中心）、82562819（万水）
经　售	全国各地新华书店和相关出版物销售网点
排　版	北京万水电子信息有限公司
印　刷	雅迪云印（天津）科技有限公司
规　格	210mm×285mm 16 开本 5.75 印张 179 千字
版　次	2021 年 1 月第 1 版 2021 年 1 月第 1 次印刷
定　价	59.90 元

目　录

传统木板路
24

木板台阶
28

日式缘侧
32

圆形露台
36

乡间步道
40

日式桥
44

花箱
48

方格木板露台
52

带台阶的庭院木平台
56

长椅与护栏
60

年轮座椅
64

阿第伦达克椅
68

带沙坑的露台
74

山坡木平台
80

傍水升高木平台
86

简介

我哥哥在康沃尔郡海边的村庄拥有一座小屋，那座小屋是对木料的一种致敬——开裂的橡木构成墙壁，屋顶覆盖着木板，前门使用船坞的废弃木料制成，楼梯则是胡桃木修筑的。但最令人印象深刻的，莫过于整个小屋是一个由木地板构成的仙境。从大门到一楼用一座悬架的小桥相连，升高式木平台从房屋向外延伸。整座房子背靠大海，木平台位于悬崖之下，面向沙滩，美观的木平台码头就这么向大海延伸。而本书的写作动机也由此展开。

简史

许多证据表明，很早以前就有木板路和木平台了，但我们如今所熟悉的木平台起源于捷克、德国、波兰、挪威等国家，后来流传到了美国、澳大利亚、南非等国家的先驱城镇。在木料储备充裕的村庄，由于时间仓促，使用粗锯木建造小径、走道、游廊、平台是最佳方式。

这是在美国玫瑰花园里的一处木制门廊，由木围栏、百叶窗和摇椅组成。铺设木板时可混合使用不同宽度的木板。

灵感

搭建室外木平台的有趣之处在于它的直接性。你可能需要混合少量混凝土制作基底，但除此之外，你只需将木板悬浮安装在现有庭院中，就能解决庭院里的所有问题（比如你没精力处理的老式混凝土露台、地面上无法移除的凸起岩石或一片矮灌木）。如果你想迅速改变庭院，或利用庭院周边的美景，抑或仅仅是想扩展生活空间，这本书都很适合你。

祝你好运！

泳池边的木板露台令人惊艳，这是度过悠长慵懒午后的完美场所。粗锯木木板和基柱都适用于此。

健康与安全

许多木工活都有潜在危险。因此，在开始实施木工项目之前，请核对以下清单。

- 确保自己的健康状况能够胜任眼前的任务。如果不能确定，请向医生寻求具体建议。
- 始终在电源插座与电动工具之间连接断路器。如果草坪是湿的，请勿使用电动工具。
- 尽量使用电池供电工具，不使用电线供电工具。对这类室外项目而言，电池供电工具更安全。
- 从地面抬起柱梁等重物时，弯曲膝盖，环抱重物贴近身体，保持脊柱挺直，将背部拉伤的风险降至最低。
- 如果物品看起来太重，你觉得自己搬不动时，请向他人寻

求帮助，不要冒着受伤的风险搬移重物。

- 使用线锯等电动工具或打磨压缩木料时，请戴好防尘面罩和护目镜，保护好自己。
- 如果你过于疲劳或正在用药，请勿使用电钻等机器，也不要尝试搬移难以移动的重物，或挑战难以实施的任务。
- 在施工现场附近备好急救工具和电话。
- 让儿童在观看时保持一定的安全距离，可以请他们协助你完成一些没有什么危险的小任务，但绝不能让他们离开你的视线范围。

第一部分

技术

设计与规划

搭建室外木平台十分有趣，但你得花时间认真设计与规划整个项目的所有细节。在订购木料之前，你需要研究搭建木平台的地点、了解家人的看法、询问邻居你预期的设计结构是否有可能会对他们产生影响、绘制草图、列出材料清单，这些都非常重要。这个部分将为你解释一些注意事项。

观察户外空间

评估庭院

在庭院里四处走走，思考你对室外木平台的要求。你想如何使用室外木平台？在那里晒太阳？还是在那里遮阴？晚上在那里烧烤？还是让孩子在那里玩耍？与房屋相连，还是隔离开来？观测地面高度，记录太阳在每天不同时间的位置及主要风向，观察家人在庭院中走动的常规路线。斟酌适合搭建室外木平台的位置。

确定风格

务必考虑房屋的风格和布置。你可能会认为室外木平台应该延续房屋的主题，比如民族风或现代风。你也可能把室外木平台当做彰显个性的独立存在，希望它与室内装潢形成对比。

日式桥为观赏池塘带来新角度

错层式升高木地板提供更广阔的生活空间

可以在心爱的树木下，坐着木椅乘凉

用木板路覆盖房屋周身易被践踏的草坪区域

无论庭院规模是大是小，通常都有搭建室外木平台的空间，比如露台或木板桥。画出庭院草图，考虑设计的可能性，多复印几份草图，画出各种合适的设计方案。

设计

形状、造型与结构

一旦你弄清楚自己想搭建的室外木平台是什么样的、搭建在哪里、呈现哪种风格，你就需要开始研究更细节的问题。你想把室外木平台搭建成什么形状？是否需要升高，并搭配特色楼梯和装饰扶手？支柱是否插入混凝土中保持稳定？如果搭建日式缘侧，那么室外木平台是否要环绕房屋角落？木平台造型是否太复杂，需要大量螺栓和支撑结构？室外木平台是否能融合房屋现有的一些元素，例如树木和外露岩石？

造型与功能

如果只是制作一个花箱或搭建一个小露台，那么设计时可以更注重造型。但相对于其他项目而言，木平台的功能必须首先考虑其安全因素。打个比方，在你搭建带台阶和扶手的升高式室外木平台时，或是制作能承受你的重量、折叠后还能储物的椅子时，功能比造型重要多了。这个物品或项目必须非常结实、使用安全，在设计时应将这点放在图案、纹理、配色等因素的前面进行考虑。

木料类型

务必选择自己承受能力范围内最好的木料，在搭建较复杂、花费时间较多的项目时更需如此，例如大面积的室外木平台。如果不需要考虑成本问题，可选择红木和橡木等持久耐用的木料。如果需要尽可能降低成本，可使用压缩松木。无论是不计成本，还是要节约成本，都请确保所购买的木料没有开裂、变形、缺角、腐烂、死节或遭受虫害。

绘制设计图

订购木板前记得货比三家。打个比方，你需要两块 1.25m 长的木板。最省钱的办法是买一块 3m 长的木板，然后自行切割成你所需要的尺寸，而不是直接订两块 1.25m 长的木板。如果选择购买 3m 长的木板并自行切割，那么会多出一些废料，所以，将整个木工项目加大至需要使用两块 1.5m 长的木板是不是会更好些呢？

一旦涉及长度和花费的问题都

规划好，就可以画设计图了——平面图、正视图、侧视图及细节图。标出外形总尺寸、不同部分的尺寸、木料的数量、涉及连接和固定的所有细节。列出部件清单——每种木料所需的长度和数量，以及螺栓和嵌固件的数量。

在订购木料和开始搭建之前，拿张纸、拿些给你灵感的杂志图片、带着木板样品坐在庭院里。花点时间思考如何构建你的室外木平台。设计好整个木工项目，使之满足你的所有需求。

规划

第一步

一旦你订购好木料，就要开始规划整个项目的流程了，包括木料到货的时间及实际工作顺序等。你需要决定好在哪里囤放木料，以及是购买更多工具，还是强化现有工具。如果需要使用混凝土，你还需要决定是否租借水泥搅拌机。如果你计划在周日开工，请确认周边是否有五金商店，能在你用完螺丝的时候为你提供补给。一个周末完成整个项目是否可行？把所有工作分摊到两个周末是否更好？是否必须等混凝土晾干，还是可以规划好任务，让混凝土在晚上干透？

许可与安全

确保你想建造的建筑类型不受规划管制。虽然"永久性建筑物"的定义各不相同，但根据你所在地区的不同，建造"永久性建筑物"之前可能需要获得许可。对有些规划部门而言，只有那些地基完全使用混凝土制作而成的室外木平台才是"永久性建筑物"。其他规划部门则根据室外木平台的离地高度和台阶数量进行界定。

遵守特定的安全规程：戴手套保护双手，避免木片刺入或擦伤手部；戴护目镜保护双眼；穿结实的靴子，防止双脚被砸伤。如果需要打磨压缩木板或防腐处理的木板，请戴好防护面罩。

规划清单

- ✔ 你所在的区域是否有锯木厂？那里能采购到最便宜的材料。
- ✔ 如果将整个木工项目修改至某个特定尺寸，或使用某种特定木料，是否可以降低成本？
- ✔ 本地供应商是否愿意为少量木料提供送货服务？
- ✔ 货车是否能进入庭院？是否有足够宽的门和足够的空间让货车转弯？
- ✔ 如果在车道或在大门处卸货，是否会引起不便或造成危险？
- ✔ 如何将木料从车道搬到搭建地点？是否需要朋友的帮助？

材料

获得优质木料的唯一可靠办法就是去木料厂亲自挑选，而不是看都不看一眼就直接订购。多询问几家，寻找最佳价格，然后列出详细的需求清单——木料类型、各种长度、各种截面，再比对供应商所提供的木料。一块一块地亲自挑选木板。以下是具体做法。

宽度、厚度、长度

木料厂出售"粗锯"木和"光面"木。锯木尺寸精确，因此 60mm 宽的粗锯木就是正好 60mm 宽。但是，60mm 宽的光面木可能会小一些。木料按照标准截面出售，例如方截面、直线截面、圆截面等，有 2m、3m、4m 等长度可供选择。通常说来，购买长木料，再自行锯成合适的长度，价格会更实惠。

木料类型和木料纹理

有些木料厂提供各式各样的顶级木料品种，例如红木、雪松、橡木，这些木料持久耐用，且能防腐防虫。更多情况下，木料厂卖的是经棕色或绿色化学防腐剂处理过的压缩雪松木。

在搭建木工项目时，我们更喜欢使用粗锯木。将粗锯木快速打磨除刺，然后刷上油漆，既能保护木料，又能令其色彩丰富。也可以利用较传统的冲洗方法处理木材，使用石灰与水的混合液代替油漆。

其他材料

使用塑料布、砾石和碎石、道砟、砂和水泥，及各式各样的螺丝、钉子和螺栓。碎石和砾石被用作装饰带，或作为硬壳。而砂和砾石混合而成的

使用木材及其他木板材料

道砟被用于制作混凝土。在挑选钉子、螺丝、螺栓的时候，可以选择镀金款和镀锌款。我们通常更喜欢使用螺丝而非钉子，因为螺丝的抓力更强。如果需要节点更结实，例如将托梁固定到支柱上的时候，或在建造框架的时候，螺栓则是更好的选择。

购买木料

如果你有渠道能借到平板货车前往木料厂，那么你可以自行把木料带走，而不用等着木料厂送货。随身携带一把卷尺，亲手挑选购物清单上的每块木板、板条、支柱。别在这时因为怕麻烦而被吓跑。千万不要购买开裂、变形或在任何方面不够完美的木料。

> **警告**
> **加压木板**
> 在接触新加工的木料时，请务必戴上手套，同时避免触摸锯屑。吃饭或喝水前切记洗手。

第11页中适合制作本书木工项目的一些材料：

1 砾石　　2 塑料布
3 "柱帽"　　4 防腐木板
5 压缩木板　　6 沟纹木板
7 宽木板　　8 标准螺丝
9 木板螺丝　　10 未加工木板
11 榛子形尖顶饰　　12 标准钉子
13 方头螺栓　　14 托梁
15 支柱　　16 圆截面支柱
17 木片

混凝土及其他固定支柱的材料

大部分室外木平台都必须搭建在某种地基上。

- 小范围的低矮室外木平台：挖坑，将支柱插入100mm的硬底层，再用砾石把坑填满。
- 地面上的室外木平台：将预先浇筑的混凝土板放在地上，支柱也直接安在那里。
- 潮湿紧实的土地：挖坑，填入100mm碎砖垫层，插入支柱，用干燥的混凝土混合物把坑填满。
- 沙质土壤：挖坑，沿着胶合板排列，填入100mm碎砖垫层，插入支柱，用硬质混凝土混合物把坑填满。
- 沙质土壤，木平台的基脚延伸至地面上：给支柱挖好坑，在坑里放入纤维管或模板，这样顶部才能达到期望高度。在模板中填入100mm砾石，用混凝土封顶，将固定物插入湿混凝土中。

> **警告**
> 水泥和石灰都具有腐蚀性。请始终戴好防护面罩、手套、护目镜。如果皮肤沾到粉尘，尤其是皮肤微湿时，请立刻用大量清水冲洗，严重时请及时就医。

工具

工具是确保木工项目成功的重要因素之一。配备经过精挑细选、性价比高的少量工具，能让完成每项任务都成为一种乐趣。但如果想要节约成本，就不要花大价钱购买一整套全新的工具，而是应该先从使用已有工具开始，到真正需要某件工具的时候再购买。在理想状态下，以下工具清单是工具箱中的必备品。

搭建室外木平台的工具

准备场地的工具

你需要用玻璃纤维大卷尺测量场地，用销钉和细绳围出室外木平台的范围，用大锤敲销钉固定细绳。你还需要用铁锹切除草皮及挖坑，需要水桶、独轮手推车、铁铲、耙子来完成所有土方工作。请根据你的力气和身高来选择合适的工具，比如，你可以购买不同尺寸的铁锹和长柄大锤。水平仪是检测高度必不可少的工具，在建造室外木平台和设置销钉时都需要使用。

测量与标记

用小卷尺测量高度和宽度，用三角尺绘制及检查直角，用圆规或两脚规描绘圆弧。

一套上好的木工铅笔至关重要，它们比普通铅笔更耐用，也不会滚下工作台。如果你想建造角度大于或小于90°的木板，还需要测角器或工程师量角器。

锯木

备上几把手锯，它们总会派上用场。我们用横切锯从与木纹垂直的角度将木料切割至一定长度，用纵割锯将木板从头锯到尾。

如果想要切割出弧形，我们可以用电动线锯。有时，我们会用弓锯切割小半径曲线或雕琢小细节。如果你特别喜欢使用电动工具，请考虑购买小型纵横两用锯，它非常适合用于切割大量完全相同的木料。

钻孔与旋螺丝

我们用直头电钻钻出大直径深孔，用无线电钻搭配十字螺丝刀旋螺丝。但是，在天气潮湿的时候或我们懒得给电钻拉电线的时候，还可以使用无线电钻来打孔与旋螺丝。工作结束时，如果无线电钻已经没电了，我们仍可以用电钻来旋螺丝。如果你打算搭建很多木板，那么最好购买两台无线电钻，这样在使用其中一台的时候，可以为另一台充电。

钉钉子

钉钉子之前，你需要用电钻打出先导孔，然后用羊角锤将钉子敲进去。如果有加工件需要支撑或要避免晃动，请用大锤敲打它的背部。我们通常在选址处配备至少两三把羊角锤，将它们放在地上、放在木板上、放在木桩上或放在工作台上，这样一定有一把就在手边。

固定

理想情况下，你需要有两个便携工作台，这样才能安心地切割木料，且无须寻求帮助。我们使用的是两张非常便宜的工作台，不必担心对它们过于粗暴。如果你想节省成本，甚至可以用两个茶叶箱来替代工作台。如果你的大部分工作都由自己亲力亲为，那么还需要两个大夹钳，在你钻孔和旋螺丝的时候用来固定工件。它能在你作业的时候保持你的背部挺直，避免扭伤。

工具租借

如果你的主要兴趣在于某个项目的最终成果，而并非把做木工和搭建木平台结构当作未来的爱好培养，那么较大、较贵的工具租借使用即可。如果你需要大型打磨机或水泥混合机，最好的办法就是租赁。

> **警告**
> **电动工具**
>
> 电力、晨露、装满水的水桶、湿漉漉的手都是有潜在危险的组合。如果你决定要使用电钻而非便携式钻机，或使用电力水泥混合机，请确保同时使用漏电保护器。

基础工具箱

如果想要建造本书中的木工项目，你需要购买或借用下图中的工具。基本上都是基础的工具，部分较大的工具和设备则可以在专门租赁的商店租借。未配插画的工具包括：便携工作台、独轮手推车、水桶（后两者用于制作混凝土，它们对固定地面上支撑木板区域的支柱而言必不可少）。

卷尺

手套

水平仪

木工铅笔

铁锹

直角器

工程师量角器

测角器

长柄大锤

勾缝刀

横切锯

弓锯

铁铲

斧头

槌棒

羊角锤

大锤

活动扳手

耙子

线锯

钻孔机

充电式电钻（无线电钻）

便捷夹钳

美工刀

剪刀

纵横两用锯

打磨机

基本技术

一旦你对基本技术有了清晰的认识，并能自信地使用这些工具，搭建室外木平台将成为令人愉快的体验。秘诀在于以轻松舒适的节奏施工，不要急进求快。请务必花大量时间评估选址，确保它适合搭建室外木平台。保证测量的精确性，在开始切割木料前一定要再三确认尺寸。

规划

固定支柱位置

一旦你决定好搭建室外木平台的地点，就要确定室外木平台的水平高度位置，以及安插支柱的位置（支柱坑）。固定一根位置合适、高度正确的参照支柱，然后用销钉、细绳、斜对角法来确定其他支柱和水平高度。我们常把这根参照支柱立在选址的最高点。斜对角法需要测量给定矩形（例如标记出的选址，或木平台区域）的每条对角线，要确保它们相同。如不相同，应调整一致。

检查矩形的对角线是否相等

检查矩形的边长是否相等

由于室外木平台项目的规模很大，需要铺设的地板面积也很大，单靠肉眼判断矩形结构，例如木地板框架是否成直角（拐角为90°）通常较为困难，所以需要用卷尺来检查长度、宽度、对角线。

初始任务

搭建场地的准备工作

一旦规划好支柱坑的准确位置，你需要决定是否让室外木平台遮住该区域现有的植物（草坪和栽种）。

如果室外木平台的离地高度足以让人在下面行走，那么没有任何问题。但如果室外木平台较矮，就需要迁移草皮、大致夷平地面、铺一块编织塑料布在上面，然后用砾石覆盖塑料布。这种方法不仅能控制杂草生长，还能排干雨水。如果室外木平台完全离地，那么你所需要做的只有夷平隆起的地面、铺一块编织塑料布、把木

平台直接铺在短桩上或混凝土板上，这样一来，托梁就不会与地面直接接触了。

在地面设立支柱

将支柱坑挖至硬地，或达到当地规划所规则的深度。支柱坑的尺寸应为支柱的两倍。从坑里挖出大约100mm的硬底层，再插入支柱固定。倒入混凝土环绕支柱，将坑填至与地面齐平。用横梁夯实混凝土，排出气泡。用水平仪检查支柱是否直立。然后用临时板条固定支柱的位置。

用方头螺栓将承重托梁固定到支柱上

用泥铲将混凝土抹平以防水

室外木平台框架（主支架和托梁构成）必须成直角、等高且牢固。用混凝土将支柱插入地面，并固定支柱。

将木料切割至适当尺寸

与纹理成直角切割

可以用电锯从与纹理垂直的角度来切割木料，但如果你是一名新手，最好还是使用新式的横切锯。用直角尺和铅笔画出要锯的那条线，并在工作台上支撑好工件。将锯放在标记为废料的一侧，把刀片拉向自己的这一侧开始切割，然后来回锯。当锯断四分之三的木料时，将闲着的一只手勾起，并支撑废料，完成切割。当你需要重复大量角度切割时，纵横两用锯很有用，比如在切割与框架形成某个角度的横铺木板时。

切割出弧度

电动线锯是在 50mm 厚的木板上进行弧线切割的完美工具。将刀片抵在标记好的线上，打开开关，慢慢向标记的废料一侧推进。为了避免危险的反冲，请在将电动线锯从工件中撤出前关闭电源。

使用便宜、简便的工作台固定及支撑工件。只要你愿意，也可以使用钳夹牢牢固定木料。

节点

用螺丝连接

市面上木板夹、扣件、支架的种类繁多，但它们并不是最结实、最好看的选择，甚至也不是最便捷的选择。

无线电钻是旋螺丝的最佳工具

许多新手会觉得这些紧固件又贵又复杂。出于这些原因，我们选择传统节点来接合十字螺丝或方头螺栓。我们偶尔也使用钉子，但螺丝的抓力更强，而且在不损坏木板的情况下就能旋入旋出。用螺丝连接的步骤如下：首先钻个先导孔，把螺丝放在适当位置，再用配十字螺刀钻头的无线电钻旋紧螺丝。如果你与搭档合作，可以一个人打孔，一个人旋螺丝，这项技术和钉钉子一样，越熟练越快。

用螺栓接合

当需要超强节点时，例如在将主托梁固定到主支柱上的时候，最好使用螺栓。你可以用两端各带一个垫圈的螺栓或是圆顶方肩的方头螺栓。我们更喜欢方头螺栓，不仅因为它的圆顶外观好看，还因为它可以直接用单头扳手固定。

在将木板铺到大框架上的时候，请错开节点，这样能打造最佳视觉效果。

垫圈总是搭配方头螺栓使用，可以用套筒扳手或可调整扳手来旋紧螺母。

加工处理

加工处理

从室外木平台完工的那一刻起，它就成为了太阳、雨水、昆虫的攻击目标。因此，我们需要保护木料。过去多用稀石灰粉刷木板或给木板涂柏油。市面上有许多加工处理方式和材料，从涂油、涂树脂到防腐处理和涂漆，多种多样。通常情况下，我们更喜欢选择压缩木料并给它上色。因此我们可能会将石灰与水混合，或将室外使用的水泥漆稀释用作涂料。最终成品表面自带风化感，与庭院融为一体。

步道与露台

木板步道和木板露台赏心悦目、干燥平整，是安全舒适地散步的绝佳场所。它们也很能引起访客的注意：当你看到日式缘侧绕过房屋一角，从视线中消失时；当你看到用椅子装饰的木板露台时，你都会很想上前一窥究竟。因此，如果想为庭院增添令人惊艳又实用的元素，可以搭建室外木平台。

构建步道

设计与规划

在庭院中四处走走看看，规划步道的位置。留意土地的水平高度，因为之后需要在这些地方安装木板。别忘了考虑步道将会对庭院的使用造成怎样的影响。

决定好木平台结构的细节，例如离地高度和主梁位置，之后用卷尺、销钉、细绳进行测量与规划。

搭建

移除所有大型植物，夷平地面，挖出植物的根部，挖掉大石。铺一块能防止杂草生长的编织塑料布覆盖整片区域，再在布上盖一层厚厚的砾石。选址地点越湿，砾石层就要铺得越厚，这样才能固定住编织塑料布。将压缩横梁压在砾石上，旋紧并固定木板。

从简单的步道变成小桥，解决了庭院受限制的种植计划。木板以混凝土为基底，用原木包边。三块木板构成的小桥下有混凝土作支撑，它们被隐藏在堆叠的岩板里。

灵感

沿着池塘铺设的微微呈弧形的木板步道，用卵石点缀边缘，十分美观。

用木板铺设出整洁的几何形步道。

使用特殊处理过的木板修筑的陆上步道和水上步道构成引人入胜的景致。

构建露台

设计与规划

　　构想庭院四季的模样，然后通过观察阳光、阴影，考虑邻居俯瞰景象等因素，选定构建露台的最佳地点。用卷尺、销钉、细绳标记出露台的边界。

搭建

　　如果庭院的干燥度和水平高度都适中，同时你希望露台贴近地面而非高高抬起，那么可以使用与搭建步道相同的技巧，把露台修在塑料布和砾石上。木板步道由直线或微曲的两条轨道组成，木板架在轨道上。而露台则可以塑造出某种形状或呈现某种图案。塑料布和砾石一就位，就可以标记出木平台的外部轮廓，并用托梁在离中心 300 ～ 450mm 处将外部轮廓分隔开。确保布置托梁的模式与规划布局或木板模式相关联，这样木板的末端才能得到更好的支撑。

右侧下图中的露台和步道使用了直木板和楔形木板。木板被铺在砾石上，与草坪等高，这样便于除草。

上图中这个常规尺寸的地面高度的木平台与乡间别墅完美契合（摄于美国新奥尔良）。屋主想要一块适合烧烤和家庭聚会的座位区域。他们希望用露台衬托庭院中既有的树，这棵树能为露台遮阴。这类木板露台的设计关键在于打造结实水平的基底（低位框架）。

布局简约的组合地板最适合小院子或阳台花园。

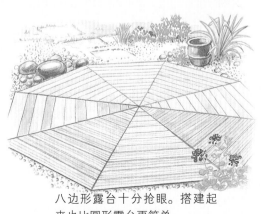

八边形露台十分抢眼。搭建起来也比圆形露台更简单。

连接房屋和庭院的步道。经常走的路线是铺设步道的首选路线。

室外木平台

室外木平台能鼓励家庭成员使用室外空间，在室外进行更多活动。通过将室外木平台的位置抬高至超过庭院、用日式缘侧环绕房屋、搭建孤岛木平台，来改造整个空间。室外木平台也是让河堤等难以利用的区域在日常生活中充分发挥作用的好方法。

建造缘侧

设计与规划

传统日式庭院里，有一条环绕房屋的低矮木平台，它与庭院相连，它就是缘侧。如果你也想为庭院添加一道缘侧，请绕着房屋走走，观察地面的水平高度，判断在屋外布置缘侧是否畅通无阻。还是需要搭建在排水管等不可移动的障碍物之上？如果需要搭建在排水沟之上，请确保你的木平台设有检视窗口。如果在你想搭建缘侧的路径上已经有步道、台阶、树木，你得拿定主意，是将它们留在原地，用木平台覆盖它们？还是绕开它们？又或者把它们移开？用卷尺、销钉、细绳标记缘侧路径。

搭建

标记出基脚的位置，每个基脚间的距离小于 2m。挖坑并用混凝土固定好销钉支柱。用塑料布覆盖该区域，压上砾石。在支柱上架起横梁，用托梁与横梁相连。在横梁上铺设木板。

图为位于美国加利福尼亚州南部一户家庭的日式茶屋，带有缘侧步道。木地板极简且实用，与该建筑的设计相呼应。

灵感

带一体化长椅和扶手的台阶式木平台，长椅下方有储存空间。

低位木平台适合池畔露台。可用一棵树为露台遮阴。

带台阶和扶手的升高式木平台。网格棚架将木平台与紧邻的庭院隔离开来。

图为带一体化长椅的简约孤岛木平台。用稀石灰粉刷过的木料营造做旧效果（这是对热门红棕色的讨喜改良）。

孤岛木平台

孤岛木平台能搭建在庭院的任意位置，因此可以充分利用风景，比如晚霞，或你喜欢的任何东西。用卷尺、销钉、细绳标记基脚的位置。挖坑，并用混凝土固定支柱。用螺丝将主梁与支柱锁紧，调整校正水平高度，用螺栓固定横梁。修平支柱顶部，将托梁固定在横梁上，再按前述步骤铺设木板。

用台阶抬高木平台

对那些高出地面几个台阶的房屋而言，带台阶的升高式木地板是很好的选择。它们贴近房屋，但并不与房屋真正相连。

用卷尺、销钉、细绳确定基脚位置，标记出规划的整片区域。用混凝土将支柱固定在地面上。搭建这类木平台的秘诀在于让配准木或横木尽可能地靠近房屋，然后将它们用作其他所有水平高度的参照物。

图为美国新奥尔良一户家庭的升高式木平台。屋主不得不处理庭院水平高度参差不齐的问题，因此最佳解决方案为用木平台覆盖整片区域。

带台阶和扶手的木板门栏适合散步或坐下休息。

带扶手的游廊步道。用网格遮住底部空隙。

在传统的升高式木平台上能俯瞰远处的海景，是放松休闲的绝佳场所。

室外木平台附加物

室外木平台建好之后，就能用扶手、台阶、长椅等附加物从图案上和形态上为木平台增添艺术感。如果你喜欢日式网格屏风、瑞士村舍浮雕、张扬的现代主义风或美式民族风，这是将它们融入设计中的好时机。图书馆和书店的室内装潢与建筑图书区将成为你灵感的源泉。

构建台阶

图为位于美国路易斯安纳州一户家庭的多台阶木平台。对有坡度的选址而言，台阶必不可少。同时，台阶也是整个设计和构建结构的工作中最具挑战性的一部分。宽台阶比窄台阶更人性化。

设计与规划

观察木平台区域，用卷尺、板条、铅笔沿着地面画出台阶所要覆盖的总长度，以及从一个台阶到另一个台阶的总高度。决定好每级台阶的高度（100～180mm），用总高度除以这个数字，再减1就得到台阶的阶数了。将沿着地面的水平长度除以台阶数，得到台阶面的最大深度。

搭建

对纵梁（楼梯的侧面）而言，可以在"之"字形纵梁和实心木板纵梁之间进行选择。首先，测量并切割两根纵梁，让它们相互平行。接着把两根纵梁底部贴地，顶部固定在木平台的边缘。一旦两根纵梁固定好，剩下的事就简单了——做出不带纵梁的方盒即可。

灵 感

图中的简约小桥或木板路赏心悦目，灵感源自日式庭院。

带扶手和花箱的嵌入式座椅，采用不对称布局更显独特。

用木板连接两个花箱，形成简单的座椅。这个设计还可以添加靠背。

扶手

向当地规划部门咨询关于扶手高度、主要支柱推荐间距及其他安全因素的建议和信息。关注要点在于防止儿童的头卡在扶手之间、防止儿童从室外木平台和扶手底部的空隙滑出去。根据你的自身需求，考虑扶手是否因为室外木平台远离地面而需要特别注意安全？还是说它更像一面私密的屏风或风障？制作工序为：先固定主要支柱，再配上扶手，最后配上栏杆或屏风。如果选择使用栏杆，可以用一些细节进行装饰。

长椅

观察屋内的座椅，确定室外长椅的高度和宽度（座椅一般高于地面400mm）。可以固定长椅，将它作为环绕室外木平台的扶手的一部分；也可以选择不固定的，这样你可以将它四处移动。如果扶手同时要充当长椅椅背，别忘了儿童可能会爬到长椅上，因此需要把扶手做得更高。一旦你计算好座椅的高度和椅背的高度及角度，搭建工作就水到渠成了。

上图是高扶手与网格屏障相结合的室外木平台。屋主想确保这个升高式木平台对小孩和宠物来说也很安全。

右图中好看的手工长椅让这个带屋顶的美妙室外木平台更加吸引人。想象一下，辛苦工作一天后坐在这里欣赏风景，多么惬意！

环绕树木搭建的长椅是休息的好去处，也是遮阳的完美场所。

赖在自制日光浴躺椅上是享受木地板的最佳方式。

传统美式阿第伦达克椅是木地板游廊的必备品。

第二部分
木工项目

传统木板路

难度系数：★
简单

建造时间
一个周末

一天固定横梁，
一天铺设木板

传统木板路的特别之处在于它的简约给人带来的惊艳的视觉效果，而且传统木板路走上去会让人感觉十分舒适。在木板上行走所产生的特色敲击声，令人想起海边码头。这个木工项目是建造最简单的一类直线木板路，但你也可以自行设计转弯木板路、弧形木板路或有高度变化的木板路。

构思设计

传统木板路结构十分简单——两排支柱笔直地插入地面，将横梁盖在支柱上，形成两条平行的围栏，再铺设做旧粗锯木板即可。支柱顶部为边长 100mm 的方截面，支柱高出地面 150mm，让木板能够平铺在不平整的地面上。搭建木板路简单快捷，同时这种木板路适合各式各样的地形。你可以用木板路覆盖草坪，也可以让木板路穿越矮树。

总体尺寸及注解

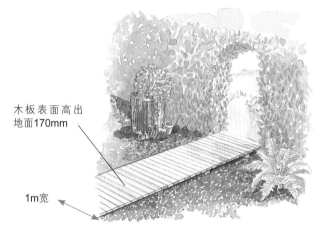

木板表面高出
地面170mm

1m宽

传统木板路在任何庭院都能起到很好的装饰和使用效果。可以刷上彩色油漆，也可以保留天然色彩。

开工准备

研究选址，决定木板路的路径。如果你的需求与本项目规格（离地170mm）不同，请观察地面，并用水平仪检测，确认室外木平台需要离地多高。

测量木板路从一端到另一端的长度，计算需要多少木料。我们以 2m 长度的木板数量为例。订购木料，在木料送达时，将木料堆放在离木板路选址处较近的位置，方便取用。布置好工作台和工具后就可以开始动手了。

你需要

工具

✔ 2 张便携工作台

✔ 铅笔、直尺、卷尺、直角尺

✔ 横切锯

✔ 木槌

✔ 小短柄斧

✔ 销钉与细绳

✔ 铁锹

✔ 长柄大锤

✔ 水平仪

✔ 带十字螺丝刀钻头的无线电钻

✔ 匹配螺丝尺寸的钻头

✔ 2块5mm厚的（锯木或胶合板）边角料用作垫片

材料

（所有粗锯松木都已计入损耗。所有木料都已经过压缩防腐处理。）

建造约2m长、1m宽的木板路

✔ 松木：1块粗锯木，3m长，方截面边长为100mm（支柱）

✔ 松木：2块粗锯木，2m长、90mm宽、40mm厚（横梁）

✔ 松木：10块粗锯木，2m长、100mm宽、20mm厚（地板木板）

✔ 镀锌沉头十字螺丝：100个，90mm，10号

传统木板路分解图

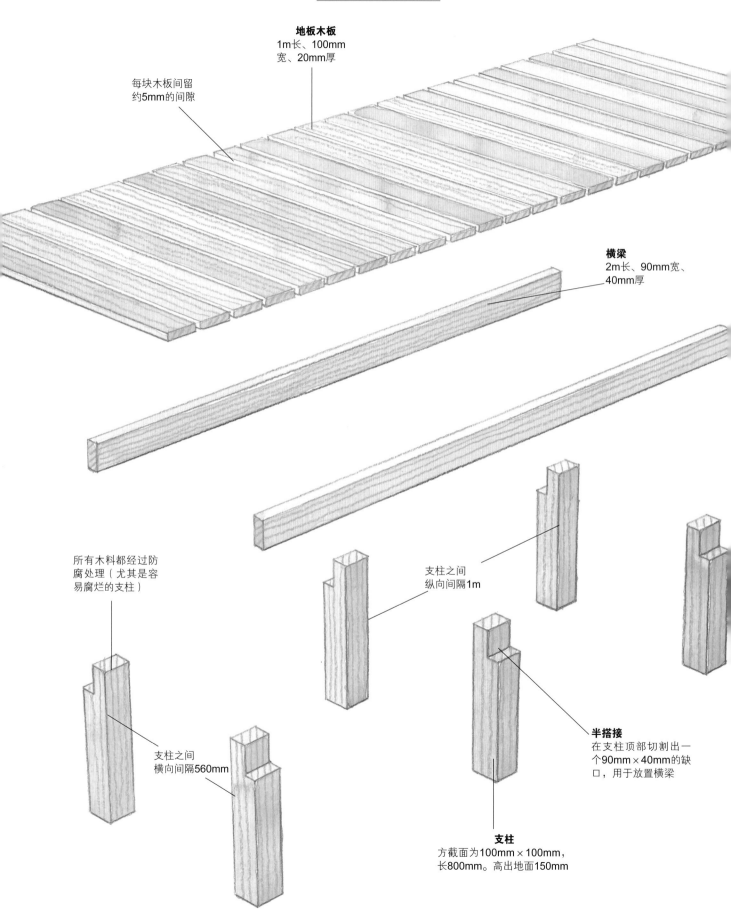

地板木板
1m长、100mm宽、20mm厚

每块木板间留约5mm的间隙

横梁
2m长、90mm宽、40mm厚

支柱之间纵向间隔1m

所有木料都经过防腐处理（尤其是容易腐烂的支柱）

半搭接
在支柱顶部切割出一个90mm×40mm的缺口，用于放置横梁

支柱之间横向间隔560mm

支柱
方截面为100mm×100mm，长800mm。高出地面150mm

建造传统木板路

1 切割支柱

将方截面边长为 100mm 的支柱长度锯为 500mm 长，用直尺和直角尺标记出 90mm×40mm 的半搭接。与纹理呈垂直角度进行切割，切割至搭接头所需长度，然后用木槌和斧头除去废料。

2 固定支柱

用卷尺、销钉、细绳、铁锹、长柄大锤将销钉敲入地面。支柱横向间隔 560mm、纵向间隔 1m。令它们都高出地面 150mm。

3 固定横梁

安放用来固定地板木板的横梁。将它们放置在支柱的半搭接头上，再用 90mm 螺丝固定（如图所示，在将横梁首尾相连进行固定时，请确保它们在支柱的中央相接）。

4 铺设木板

将 100mm 宽的地板木板切割为 1m 长的木板，用螺丝将它们固定在横梁上。把地板木板放置在横梁中央，用 5mm 厚的余料将地板木板间隔开来。

木板台阶

难度系数：★
简单

如果你想要建造一个简单又显得隆重的家门入口，木板台阶是一个完美的选择。这个项目的最大优势在于，它们可以搭建在现有台阶之上，并建造成你想要的任何尺寸，同时还可以根据你与家人的生活习惯进行优化。

**建造时间
一天**

两小时规划测量，剩余时间做木工活儿

构思设计

让木板台阶贴合现有台阶，虽然几乎没有改变阶梯的高度，但能大大增加可用于站立的区域。当然，你需要将设计调整至适合自家台阶的尺寸。但我们的设计很灵活，改造起来也很简单。

想想木板台阶的优点。也许你有一位年迈的家人，他上台阶时可能需要在大台阶上双脚踩地站好，再迈向另一个台阶。也许你只是想改造台阶，让它们显得更大气、更瞩目。又或者你可能是想在门前腾出空地摆放盆栽。

开工准备

研究你的设计，然后仔细测量现有台阶，思考如何将设计调整至适合现有台阶。这个木工项目适用于两级台阶，你可能需要把它调整为一级台阶或三级台阶的木工项目以适应自家情况。确认好你是否需要改变木料尺寸或改变整体尺寸。

你需要

工具

- ✔ 2张便携工作台
- ✔ 铅笔、直尺、卷尺、线规、直角尺
- ✔ 横切锯
- ✔ 带十字螺丝刀钻头的无线电钻
- ✔ 匹配螺丝尺寸的钻头
- ✔ 水平仪
- ✔ 电动打磨机

材料

（所有粗锯松木长度都已计入损耗。所有木料都已经过压缩防腐处理。）

搭建2m宽、前后距离1.22m长的木板台阶

- ✔ 松木：8块粗锯木，2m长、85mm宽、35mm厚（托梁）
- ✔ 松木：2块粗锯木，2m长，方截面边长为75mm（纵梁主支架）
- ✔ 松木：20块粗锯木，2m长、100mm宽、20mm厚（台阶踏板、台阶立板）
- ✔ 镀锌沉头十字螺丝：100个，75mm，8号；200个，50mm，8号

总体尺寸及注解

如果你觉得现有门阶太窄或不够美观，可以通过这个木工项目进行提升改进——将木板台阶搭建在现有台阶的顶部。

可以调整木板台阶的长度、宽度、高度，使之适合现有台阶

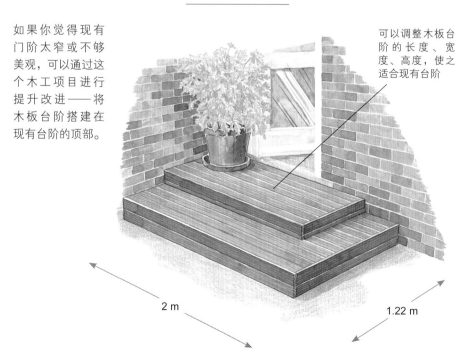

2 m

1.22 m

木板台阶分解图

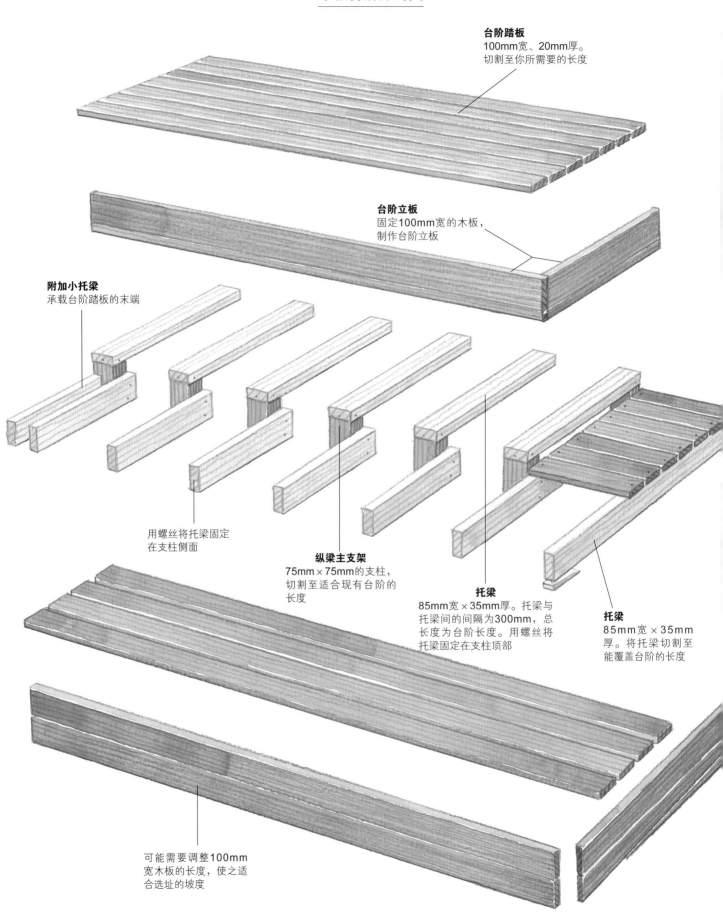

台阶踏板
100mm宽、20mm厚。
切割至你所需要的长度

台阶立板
固定100mm宽的木板，
制作台阶立板

附加小托梁
承载台阶踏板的末端

用螺丝将托梁固定
在支柱侧面

纵梁主支架
75mm×75mm的支柱，
切割至适合现有台阶的
长度

托梁
85mm宽×35mm厚。托梁与
托梁间的间隔为300mm，总
长度为台阶长度。用螺丝将
托梁固定在支柱顶部

托梁
85mm宽×35mm
厚。将托梁切割至
能覆盖台阶的长度

可能需要调整100mm
宽木板的长度，使之适
合选址的坡度

制作木板台阶

1 固定托梁

测量现有台阶的前后距离，根据这个数据来切割托梁。以 300mm 为间距摆放托梁（使之与测量出的台阶前后距离相匹配），并用两块木板固定（使用 50mm 螺丝）。

2 摆放框架

将托梁框架放在台阶上，用边角木料或任何合适的东西调整水平高度。使用水平仪检查所有方向的水平高度。

3 固定纵向支柱

从边长为 75mm 的方截面支柱中切割出主要的纵向支柱。使用 75mm 螺丝将支柱固定在托梁末端，这样每个托梁都会有自己的支柱。

4 建造底部台阶

重复上述步骤，搭建下一层台阶的框架。在适当水平面上搭建台阶，将每根纵梁主支柱切割至适合地面水平高度的高度。

5 铺设木板

两级台阶就位之后，用木板覆盖框架，并使用 50mm 螺丝固定。在固定底部台阶的立板时，通常来说必须调整木板的宽度。将木板切割至适合地面的高度。最后对台阶进行打磨。

日式缘侧

难度系数：★
简单

**建造时间
一个周末**

一天制作基本框架，一天固定木板、建造台阶

传统日式庭院的缘侧是一条环绕房屋的低矮木平台，与庭院相连，可起到模糊房屋与庭院之间界限的作用。缘侧由三个部分组成：沿着建筑物一侧延伸的步道、位于建筑物拐角的凸起木板拐角及一组从拐角延伸向地面的台阶。

构思设计

通过将这三个基础部件相结合，就能设计出一个能满足你自身需求的日式缘侧修建规划。

开工准备

决定好你需要几个基础部件。可以参考带台阶的庭院木平台项目（第56页）中台阶的建造细节。测量步道的总长度，将它分解为我们已经量化过的2.4m长模块。

总体尺寸及注解

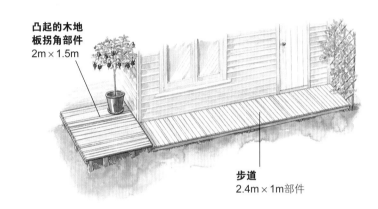

凸起的木地板拐角部件
2m×1.5m

步道
2.4m×1m部件

将直线步道与凸起的拐角部件相结合，把缘侧调整至你需要的尺寸。

你需要

工具

- 铅笔、直尺、卷尺、直角尺
- 销钉和细绳
- 两张便携工作台
- 横切锯
- 带十字螺丝刀钻头的无线电钻
- 匹配螺丝尺寸的钻头
- 工艺刀
- 钉枪
- 铁锹和铁铲
- 独轮手推车和水桶
- 水平仪
- 电动打磨机
- 油漆刷

材料

（所有粗锯松木长度都已计入损耗。所有木料都已经过压缩防腐处理。）

建造2.4m长的步道

- 松木：3块粗锯木，3m长、90mm宽、40mm厚（托梁）
- 松木：1块粗锯木，3m长，方截面边长为75mm（支柱）
- 松木：8块粗锯木，3m长、90mm宽、20mm厚（平台木板）

建造2m×1.5m的拐角

- 松木：4块粗锯木，2m长、90mm宽、40mm厚（托梁）
- 松木：4块粗锯木，2m长，方截面边长为75mm（支柱）

- 松木：7块粗锯木，3m长、90mm宽、20mm厚（地板木板）
- 松木：1块粗锯木，3m长、250mm宽、25mm厚（地板木板）
- 松木：3块粗锯木，3m长、35mm宽、20mm厚（地板木板）

通用

- 镀锌沉头十字螺丝：200个，75mm，8号；100个，90mm，10号
- 镀锌空气钉：100个，10mm
- 混凝土：每9根支柱需要1份（20kg）水泥、5份（100kg）道砟
- 防杂草生长的编织塑料布（需要大到能遮住整个水平面步道的木地板区域）
- 户外哑光白漆

日式缘侧分解图

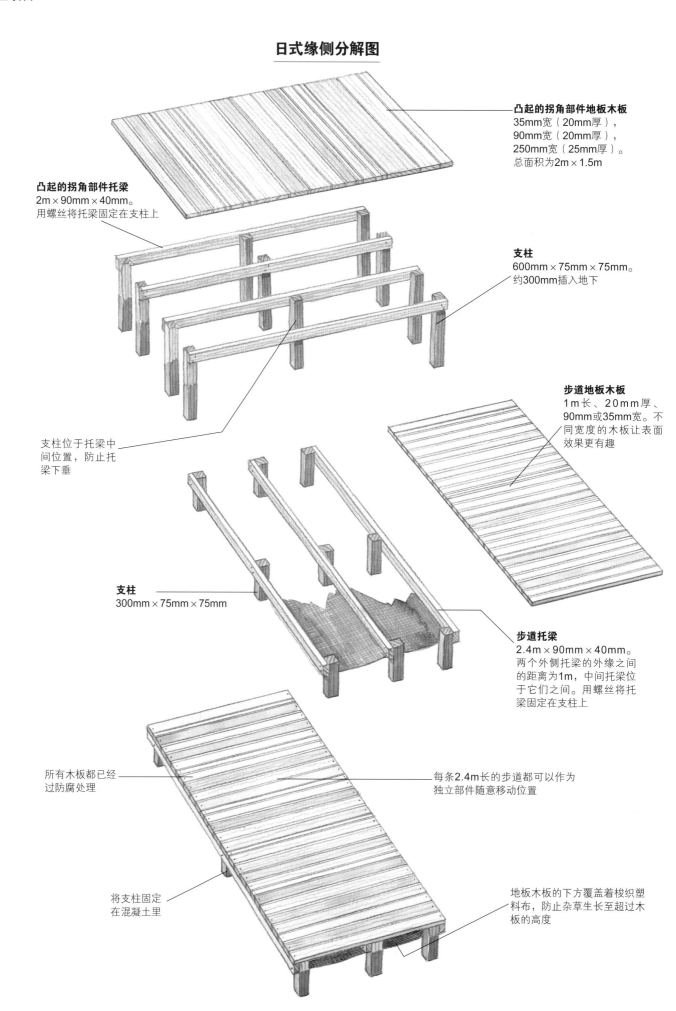

凸起的拐角部件地板木板
35mm宽（20mm厚），
90mm宽（20mm厚），
250mm宽（25mm厚）。
总面积为2m×1.5m

凸起的拐角部件托梁
2m×90mm×40mm。
用螺丝将托梁固定在支柱上

支柱
600mm×75mm×75mm。
约300mm插入地下

支柱位于托梁中
间位置，防止托
梁下垂

步道地板木板
1m长、20mm厚、
90mm或35mm宽。不
同宽度的木板让表面
效果更有趣

支柱
300mm×75mm×75mm

步道托梁
2.4m×90mm×40mm。
两个外侧托梁的外缘之间
的距离为1m，中间托梁位
于它们之间。用螺丝将托
梁固定在支柱上

所有木板都已经
过防腐处理

每条2.4m长的步道都可以作为
独立部件随意移动位置

将支柱固定
在混凝土里

地板木板的下方覆盖着梭织塑
料布，防止杂草生长至超过木
板的高度

建造日式缘侧

1 搭建步道框架

取 3 块 2.4m 长的木板作托梁，如图所示，制作出基础的三根托梁框架。使用 75mm 螺丝在两端各固定一块 1m 长、20mm 厚的木板，形成方形框架。

2 铺设塑料布

将框架上下颠倒（底部朝上），裁剪一块大小合适的编织塑料布，将它钉在托梁底部。

3 用螺丝固定支柱

将方截面边长为 75mm 的支柱切割出 300mm 长，并用 90mm 螺丝把它们固定在托梁上作为支柱（裁剪塑料布，使之环绕每根支柱）。托梁的两端都各需要一根支柱，托梁中央也需要一根支柱，起到中心支撑的作用。

4 用混凝土固定支柱

将框架放在地面上，确定支柱位置。挖 210mm 深的坑（步道必须在水平面上）。制作干燥的混合水泥，将水泥填入坑里，将框架下压至适当位置。用一根木头夯实支柱周围的水泥。

5 建造其他框架

步骤与建造所有步道框架一样，始终用水平仪确保每个框架相互平行。以同样的方式搭建凸起的木板拐角部件，用混凝土将 600mm 长的支柱固定在 300mm 深的坑里。

6 将木板固定在框架上

用 75mm 螺丝将木板固定在托梁上。打磨整个框架，让缘侧更加完美。将白漆与大量水混合，制作更稀薄的涂料，并给缘侧上两层漆。搭建台阶请参考第 56 页。

圆形露台

难度系数：★
简单

**建造时间
一个周末**

一天搭建六边形框架，一天组装及加工

圆形露台非常引人注目——它令人想起水车，也像是风车的一部分。圆形露台醒目的外观是展示水景或花卉的完美背景，而圆形露台上坚实的木地板则令其成为进行各种庭院活动的完美场所。可使用旧地板木板等废弃木料，这样能轻松节约下材料成本。

构思设计

圆形露台由 18 块 1.05m 长、250mm 宽、25mm 厚的松木木板切割出的楔形木板组成。共使用 35 块楔形木板搭建圆形露台，多出的 1 块作为参照标准。露台直径约 2.5m。

我们将露台搭建在现有的小卵石圆形地上。如果想为露台建造一片类似的砾石区域，那么你需要大约 8 辆独轮手推车那么多的小卵石。用螺丝将楔形木板固定到 3 个六边形底架上。整个露台固定好之后，用砾石稳固框架，这样既能支撑木板，又能展示出木板的最佳效果。

开工准备

观察选址，决定好搭建露台的位置。用销钉和细绳标记出直径大于 2.5m 的圆形区域，并用砾石覆盖这片区域。选择自己喜欢的材料作为圆形露台的边缘。我们使用的是柱形原木，还在露台和边缘中间铺了一些卵石。

你需要

工具

- 铅笔、直尺、卷尺、直角尺
- 销钉与细绳
- 2张便携工作台
- 电动纵横两用锯
- 纵割锯
- 带十字螺丝刀钻头的无线电钻
- 匹配螺丝尺寸的钻头
- 耙子

材料

（所有粗锯松木长度都已计入损耗。所有木料都已经过压缩防腐处理。）

搭建直径为2.5m的圆形露台

- 松木：9块粗锯木，2.1m长、250mm宽、25mm厚（楔形木板）
- 松木：8块粗锯木，2m长、75mm宽、30mm厚（六边形框架）
- 镀锌沉头十字螺丝：50个，75mm，10号；200个，50mm，8号

总体尺寸及注解

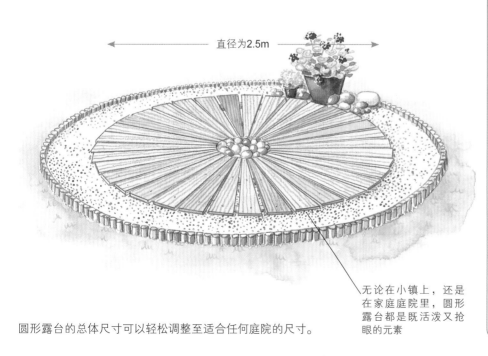

直径为2.5m

无论在小镇上，还是在家庭庭院里，圆形露台都是既活泼又抢眼的元素

圆形露台的总体尺寸可以轻松调整至适合任何庭院的尺寸。

圆形露台分解图

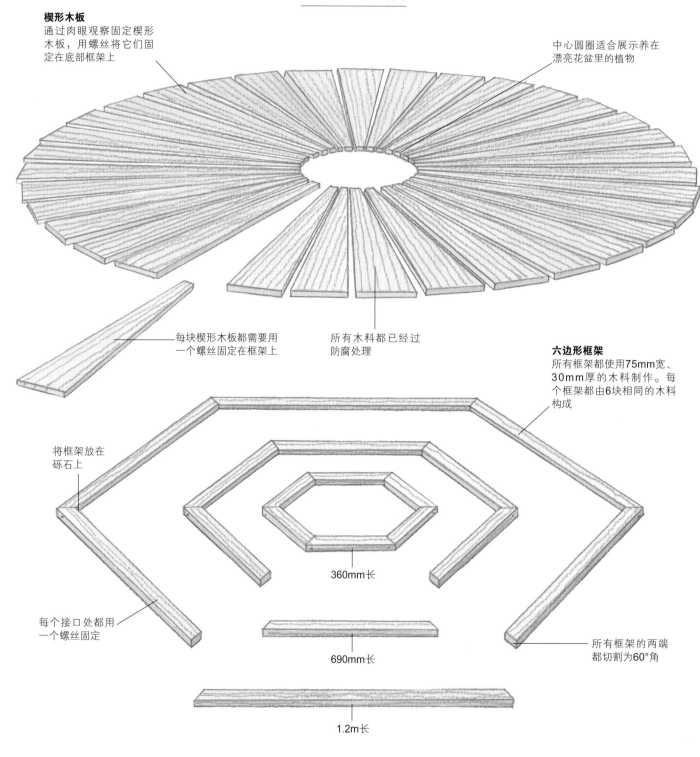

楔形木板
通过肉眼观察固定楔形木板，用螺丝将它们固定在底部框架上

中心圆圈适合展示养在漂亮花盆里的植物

每块楔形木板都需要用一个螺丝固定在框架上

所有木料都已经过防腐处理

六边形框架
所有框架都使用75mm宽、30mm厚的木料制作。每个框架都由6块相同的木料构成

将框架放在砾石上

每个接口处都用一个螺丝固定

360mm长

690mm长

所有框架的两端都切割为60°角

1.2m长

1块木板切割出2块楔形木板

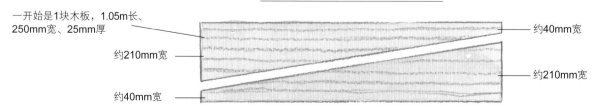

一开始是1块木板，1.05m长、250mm宽、25mm厚

约40mm宽

约210mm宽

约210mm宽

约40mm宽

建造圆形露台

1 切割楔形木板

如第38页底部图片所示,将楔形木板切割至1.05m长。用纵割锯沿着长边(如第38页底部图片所示)对木板进行切割,使之变为两块楔形木板。

2 切割框架

在3个六边形框架的木板上作标记,用纵横两用锯在木板两端切割出60°或30°的角,并将木头锯至合适的长度。每个六边形都需要6块长度完全一致的木板。

3 用螺丝固定框架

摆放好每个框架需要的木板,然后用75mm螺丝将它们固定起来。在旋螺丝前先钻孔,这样木板不容易裂开。

4 摆放框架

以大六边形框架包含小六边形框架的形式在碎石圆形区域摆放好三个框架。往后站一点儿,从不同角度观察它们,确保它们位于正中央并呈一条直线排列。然后用耙子将碎石地面耙至与框架顶部一样高。

5 固定楔形木板

将所有楔形木板摆放好。肉眼检查,并调整至你所喜欢的布局,然后用50mm螺丝固定。每个木板框架的交叉部位使用一个螺丝。

乡间步道

难度系数：★
简单

建造时间
一个周末建造
6m长的乡间步道

一天挖槽及切割木块，一天修筑步道

无论在乡间还是都市，这个弧形步道的视觉效果都很好，即使天气再恶劣、人为破坏再严重，它都能保持干燥、结实、平整。建造乡间步道本身很简单，不需要混合混凝土固定支柱，也不需要铺塑料布防止杂草生长。如果你喜欢低调的步道，并且想迅速且轻松地完成建造，那么乡间步道是值得一试的木工项目。

构思设计

步道约1m宽。使用两类支柱建造：50mm长的圆形截面车光木支柱（直径150mm）为两条边，边长为100mm的横截面、长度500mm的木板用于铺设步道。两条边固定好之后，以50mm为间隔铺设步道木板，将木板铺设在一大片砾石或碎石上，然后把小卵石铺在木块周边。坚固平整的木块铺就成一条安全结实的步道，是庭院使用者的完美选择，散步、推独轮手推车、孩子玩耍都很合适。

开工准备

使用卷尺、销钉、细绳标记出步道路线。请注意，建造每1m步道，你需要6根圆截面支柱（1m长）、3根方截面支柱（1m长），将所有支柱对半切。清理路线上的植物，将这片区域向下挖200mm。确定两条沟槽的位置。

你需要

工具

- ✔ 铅笔、直尺、卷尺、直角尺
- ✔ 铁锹与铁铲
- ✔ 2张便携工作台
- ✔ 横切锯
- ✔ 长柄大锤
- ✔ 耙子
- ✔ 独轮手推车

材料

（所有粗锯松木长度都已计入损耗。所有木料都已经过压缩防腐处理。）

建造1m长、1m宽的弧形步道

- ✔ 松木：6根圆截面的车光支柱，1m长，截面直径为150mm（支柱）
- ✔ 松木：3块粗锯木，1m长，方截面边长为100mm（步道木块）
- ✔ 碎石：1辆独轮手推车量的大碎石
- ✔ 卵石：1辆独轮手推车量的小卵石

总体尺寸及注解

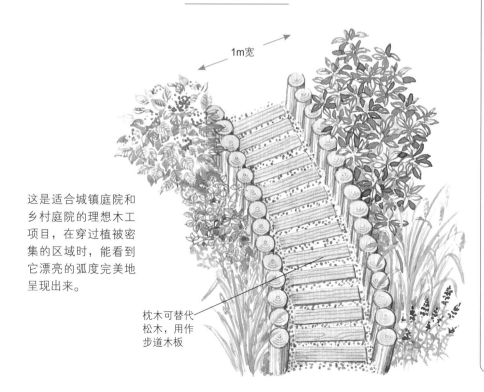

1m宽

这是适合城镇庭院和乡村庭院的理想木工项目，在穿过植被密集的区域时，能看到它漂亮的弧度完美地呈现出来。

枕木可替代松木，用作步道木板

乡间步道分解图

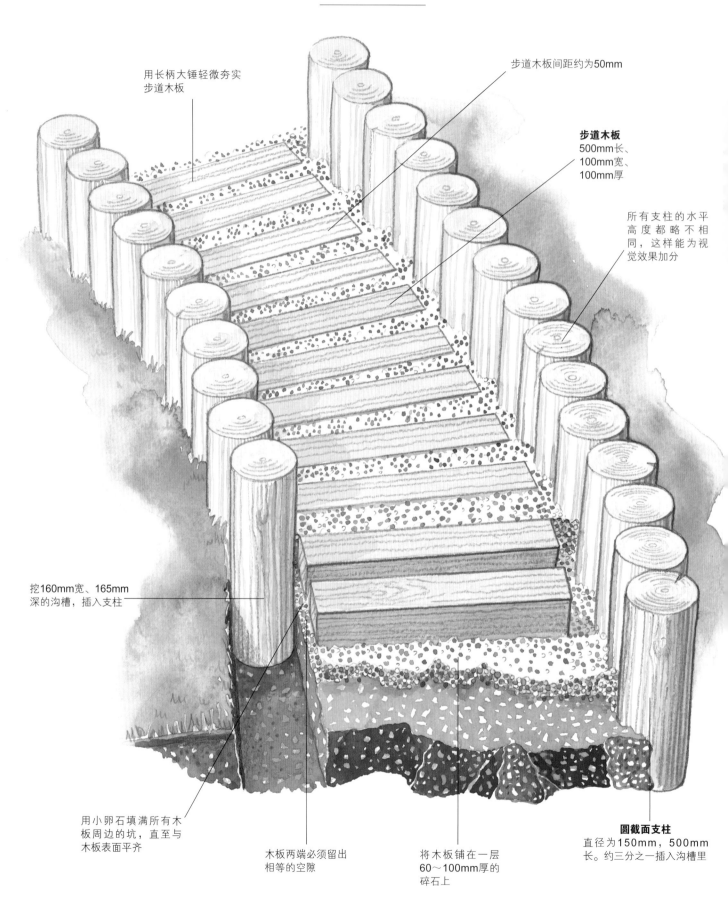

用长柄大锤轻微夯实步道木板

步道木板间距约为50mm

步道木板
500mm长、
100mm宽、
100mm厚

所有支柱的水平高度都略不相同，这样能为视觉效果加分

挖160mm宽、165mm深的沟槽，插入支柱

用小卵石填满所有木板周边的坑，直至与木板表面平齐

木板两端必须留出相等的空隙

将木板铺在一层60～100mm厚的碎石上

圆截面支柱
直径为150mm，500mm长。约三分之一插入沟槽里

建造乡间步道

1 规划步道路线

使用卷尺、销钉、细绳标记出步道路线。将这片区域向下挖200mm深、1m宽。沿着步道的一侧挖一条沟槽，约160mm宽、165mm深，再插入一排500mm长的圆截面支柱。

2 继续布置支柱

在步道的另一侧重复与上一步相同的步骤安插支柱。用挖出的土填充支柱周边，直至与该区域达到大致相同的高度。用长柄大锤夯实土地。

3 铺卵石

往两排支柱之间的空地上倒一铲卵石，再用耙子将它们推开、铺平，接着铺一层约60～100mm厚的卵石，最后将卵石牢牢锤入地面。

4 铺设步道木块

取500mm长的横边长为100mm的方截面木块，将它们依次铺在砾石上，每块木块间距约50mm，注意要居中铺在步道上，左右缝隙相等。调整至呈弧线形。最后再在木块周围铺上小卵石。

日式桥

难度系数：★★
中等

**建造时间
一个周末**

一天搭建主横梁和木板，一天建造竹子扶手

日式桥让你能够跨越狭窄的水域。用两根直径为100mm的横梁横跨水面，再铺上85mm宽、40mm厚的木板。桥的一侧有用竹子制成的扶手，扶手的支柱直接栓在横梁一侧，与下侧相抵，成三角形。

构思设计

木案例中的桥长为3.6m，如果你愿意，可以建得更短，但出于安全考虑，不能长于3.6m。用榫眼和榫接头将扶手固定在支柱上，将销钉敲入支柱两侧，然后用绳子将接头捆在一起。

开工准备

清扫河岸两侧的树叶，检查地面是否坚固。检查主横梁，确保它们没有劈裂，没有深节。

总体尺寸及注释

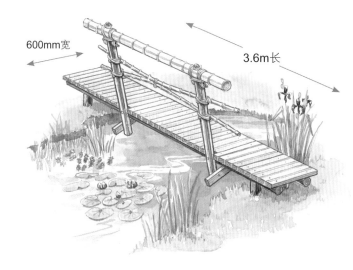

600mm宽

3.6m长

我们选择在池上搭建日式桥，不过即便搭建在日式传统的枯河上，也会非常美观。

你需要

工具

- 铅笔、直尺、卷尺、直角尺
- 销钉和细绳
- 2张便携工作台
- 横切锯
- 铁锹和长柄大锤
- 羊角锤
- 斧子
- 用来固定螺丝的扳手
- 带十字螺丝刀钻头的无线电钻
- 匹配螺丝尺寸的钻头
- 电动线锯
- 电动打磨机

材料

（所有粗锯松木都已计入损耗。所有木料都已经过压缩防腐处理。钉子可根据最接近的重量购买。）

搭建3.6m长、600mm宽的桥

- 松木：2块圆截面松木，4m长，直径为100mm（主横梁）
- 松木：2块圆截面松木，3m长，直径为100mm（支护桩、扶手支柱、分布桩）
- 松木：15块粗锯木，2m长、85mm宽、40mm厚（木板和支撑柱）
- 松木：1块粗锯木，4m长、30mm宽、20mm厚（临时板条）
- 竹子：1根，3m长，直径为100mm（扶手）
- 竹子：2根，3m长（次级扶手）

- 绳子：20m长的结实天然纤维绳子（捆绑接头）
- 钉子：1kg，150mm×6mm（将主横梁固定在支护桩上）
- 钉子：2kg，125mm×5.6mm（将木板固定在横梁上）
- 镀锌沉头十字螺丝：50个，90mm，10号
- 方头螺栓：2个，250mm长，带配套螺母和垫圈

日式桥分解图

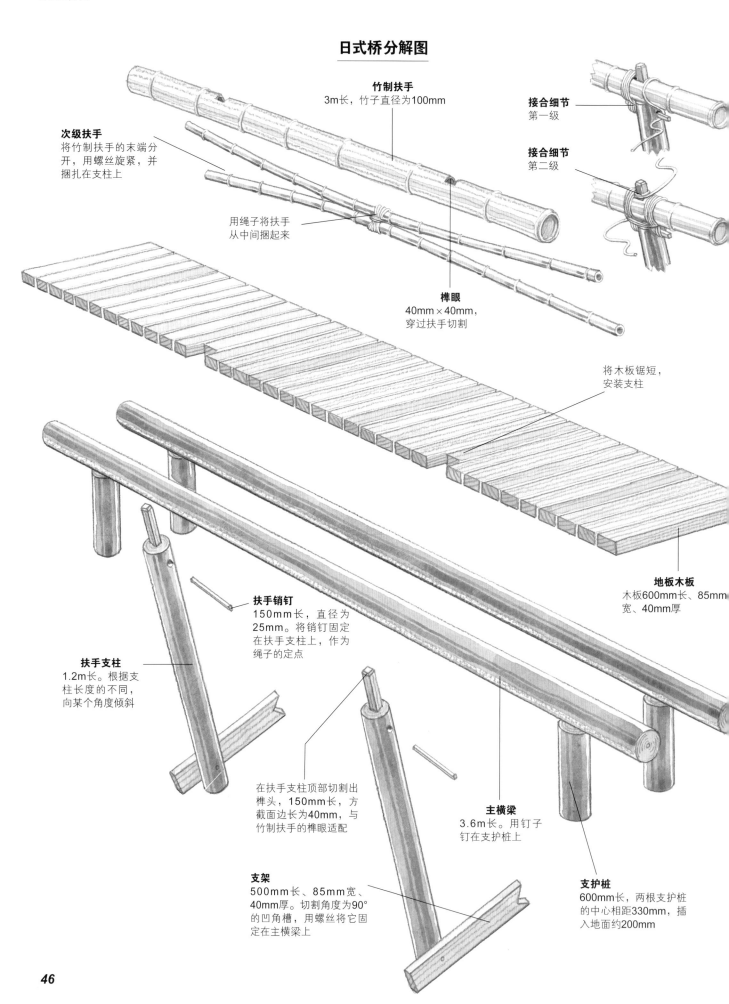

竹制扶手
3m长，竹子直径为100mm

接合细节
第一级

接合细节
第二级

次级扶手
将竹制扶手的末端分
开，用螺丝旋紧，并
捆扎在支柱上

用绳子将扶手
从中间捆起来

榫眼
40mm×40mm，
穿过扶手切割

将木板锯短，
安装支柱

地板木板
木板600mm长、85mm
宽、40mm厚

扶手销钉
150mm长，直径为
25mm。将销钉固定
在扶手支柱上，作为
绳子的定点

扶手支柱
1.2m长。根据支
柱长度的不同，
向某个角度倾斜

在扶手支柱顶部切割出
榫头，150mm长，方
截面边长为40mm，与
竹制扶手的榫眼适配

主横梁
3.6m长。用钉子
钉在支护桩上

支架
500mm长、85mm宽、
40mm厚。切割角度为90°
的凹角槽，用螺丝将它固
定在主横梁上

支护桩
600mm长，两根支护桩
的中心相距330mm，插
入地面约200mm

建造日式桥

1 固定主横梁

切割 4 根 600mm 长的支护桩，在水的一侧挖坑并将支护桩插入坑里，让所有支护柱处于同一高度，两根支护桩的中心相距 330mm，高于地面 400mm。用 150mm 的钉子将主横梁直接钉入支护桩顶部。

2 固定平台木板

选择主横梁的任意一端，将一块 600mm 长的地板木板横置于 2 根主横梁上，分别在木板两个短边的居中位置对准主横梁钉入钉子。将临时板条钉在木板尾部作为参照，然后将所有木板钉入正确位置。留两条缝隙安装扶手支柱。这一步骤全部使用 125mm 的钉子。

3 制作扶手

将扶手支柱切割至所需长度。用锯子和斧头在支柱顶端切割榫头（长 150mm，方截面边长为 40mm）。使用方头螺栓将扶手支柱固定到横梁上（参考第 4 步的插图）。

4 支架

将 2 根支架切割至所需长度。在每根支架的一端切割出一个直角凹槽。用螺丝将支架固定在支柱末端和横梁下方之间。

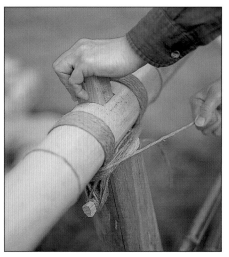

5 固定扶手

在竹制扶手上标记好榫眼位置，用钻孔机和线锯切割。将扶手装入榫头。钻孔，插入扶手销钉，并用绳子捆扎接头。

6 增加二级扶手

将 2 根竹制二级扶手从中央捆扎起来后钻孔，并用将它们固定在支柱上。然后，用绳子绕过螺丝将竹子捆紧。最后，打磨光滑。

花箱

难度系数：★★
中等

**建造时间
一个周末**

一天搭建框架并切割尖木桩，一天组装

花箱能拓展任意户外空间。可以在花箱里种植各式各样的植物，一年四季都能为庭院增色。木材搭配植物时增添了一份特殊的魅力——因为木材也是天然材质，与植物很协调。可以用各式各样的弧形尖木桩搭建这些花箱，创造随性风格，也可以用方形尖木桩打造斜角框架，塑造整洁现代风格。

构思设计

三种花箱都由两个横向框架构成，再用尖木桩纵向固定侧面，这样就看不到框架了。

我们用方形尖木桩制作大花箱，再用斜接框架修饰顶部。用圆形尖木桩制作中等大小的花箱。用尖角尖木桩制作小花箱。如果你完全按照我们的建议制作，丰富的花箱造型会让露台看起来更加不拘一格。除此之外，你还可以选择更传统的造型，用三个相同的花箱构成一组造型。

使用 35mm 宽、20mm 厚的板条制作框架，使用 70mm 宽、16mm 厚的木板切割而成的尖木桩，使用 60mm 宽、30mm 厚的木料切割成的直角圆角嵌条。

开工准备

如果你想制作不同设计、不同造型、不同尺寸、不同数量的花箱，用纸和笔做好规划，然后计算出所需材料，并据此订购木料。你必须决定好顶部的设计、总高度、每条边的长度和宽度。

你需要

工具

- 铅笔、直尺、圆规、卷尺、量角器、直角尺
- 2张便携工作台
- 横切锯
- 带十字螺丝刀钻头的无线电钻
- 匹配螺丝尺寸的钻头
- 羊角锤
- 电动线锯和电动打磨机

材料

（所有粗锯松木都已计入损耗。所有木料都已经过压缩防腐处理。确保所使用的材料不会伤害植物。）

制作大型、中型、小型花箱

- 松木：5根粗锯木，3m长、35mm宽、20mm厚（框架）
- 松木：1根粗锯木，2m长、60mm宽、30mm厚（圆角嵌条）
- 松木：15根粗锯木，3m长、70mm宽、16mm厚（尖木桩、装饰斜接框架、地板木板）
- 镀锌沉头十字螺丝：200个，30mm，8号；200个，50mm，8号
- 镀锌钉：2kg，40mm长的钉子

总体尺寸及注解

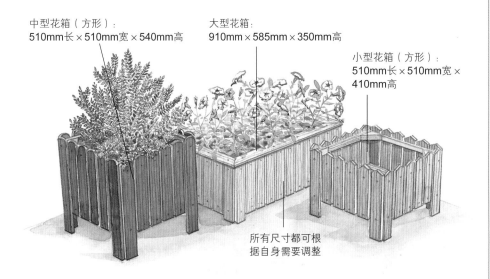

中型花箱（方形）：
510mm长×510mm宽×540mm高

大型花箱：
910mm×585mm×350mm高

小型花箱（方形）：
510mm长×510mm宽×410mm高

所有尺寸都可根据自身需要调整

花箱可以为室外木平台、露台、阳台花园增色。可以直接在花箱里填充土壤，也可以把植物放在花盆里再摆进花箱。

大型花箱分解图

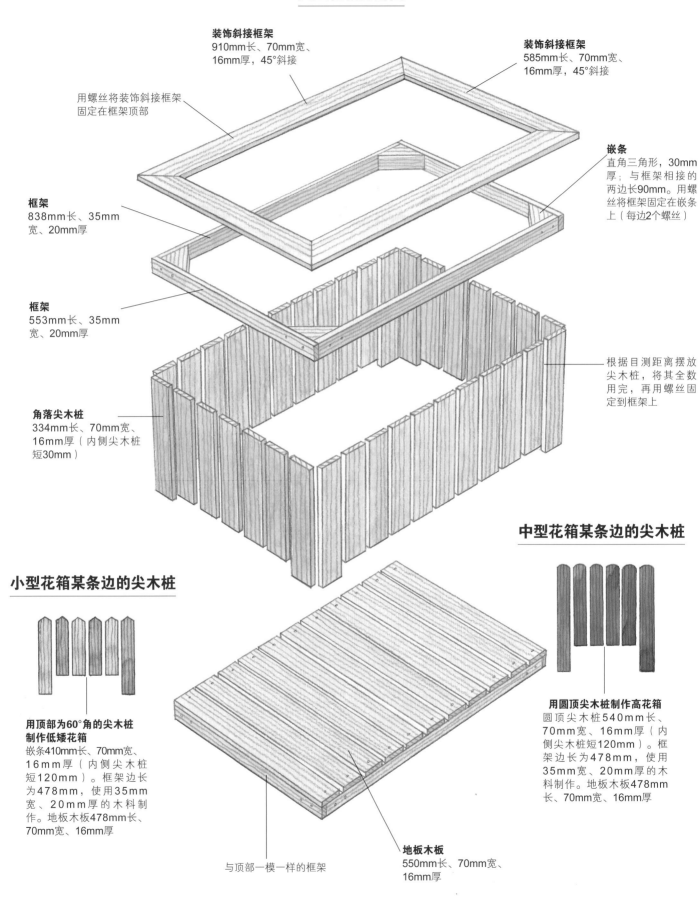

装饰斜接框架
910mm长、70mm宽、16mm厚，45°斜接

装饰斜接框架
585mm长、70mm宽、16mm厚，45°斜接

用螺丝将装饰斜接框架固定在框架顶部

嵌条
直角三角形，30mm厚；与框架相接的两边长90mm。用螺丝将框架固定在嵌条上（每边2个螺丝）

框架
838mm长、35mm宽、20mm厚

框架
553mm长、35mm宽、20mm厚

角落尖木桩
334mm长、70mm宽、16mm厚（内侧尖木桩短30mm）

根据目测距离摆放尖木桩，将其全数用完，再用螺丝固定到框架上

中型花箱某条边的尖木桩

用圆顶尖木桩制作高花箱
圆顶尖木桩540mm长、70mm宽、16mm厚（内侧尖木桩短120mm）。框架边长为478mm，使用35mm宽、20mm厚的木料制作。地板木板478mm长、70mm宽、16mm厚

小型花箱某条边的尖木桩

用顶部为60°角的尖木桩制作低矮花箱
嵌条410mm长、70mm宽、16mm厚（内侧尖木桩短120mm）。框架边长为478mm，使用35mm宽、20mm厚的木料制作。地板木板478mm长、70mm宽、16mm厚

与顶部一模一样的框架

地板木板
550mm长、70mm宽、16mm厚

建造花箱

1 搭建框架

将框架部件和嵌条切割至所需长度。把所有部件安装在一起，钻导孔，用50mm螺丝固定。每个花箱需要两个框架。

2 固定拐角尖木桩

将拐角尖木桩切割至所需长度，用30mm螺丝将它们固定在顶部框架的拐角处。注意如何使用加长的拐角尖木桩制作花箱的盆腿。

3 搭建基底

将地板木板切割至所需长度，并钉在底部框架上。为钉子钻导孔，避免木板开裂。目测地板木板之间的距离，用整数木板覆盖框架。

4 组装

用螺丝将底部框架固定在拐角尖木桩上。检查结构是否方正，将所有内侧尖木桩固定在两个框架上（使用30mm螺丝）。目测尖木桩之间的距离，使用整数木板覆盖花箱的每一侧。

5 大花箱的装饰框架

大花箱的顶部有一个装饰斜接框架。切割出长度和宽度都适合花箱的木板。用线锯斜切拐角处，使用30mm螺丝将框架固定在花箱顶部，并覆盖尖木桩的顶部。

6 为尖木桩塑形

如果你想安装有形状的尖木桩（弧形适合中型花箱，尖形适合小型花箱），可以用圆规在木板上画出弧线，或标记出中心位置，使用线锯切割轮廓。最后，将所有花箱的木板打磨光滑。

方格木板露台

难度系数：★ ★
中等

**建造时间
一个周末**

一天搭建网格框架，一天安装平台木板

方格木板露台最大的优势在于它的灵活性。可以设计成方形、直线形、城堡形或任何你想要的形状，只要总体形状可以由方形构成即可。可以在棋盘方格结构里挑选一些方块省略，用来种花、摆放长椅、布置沙坑、设置水景、种树、铺设柔软草地。

构思设计

将框架面朝上放在砾石堆上。由8个同向两两相距365mm的托梁组成，上层与下层反向成直角。用螺丝将300mm长的垫木固定在下层。最后，用螺丝将地板木板固定到网格框架上即可。

制作工艺十分简单，无须使用高难度工具，也没有复杂的接合步骤。但正因为整个过程都很简单，所以在设计和规划时需要格外的仔细和努力，才能达到理想效果。

开工准备

观察选址，决定是否按该项目的尺寸搭建露台。使用卷尺、销钉、细绳标记出搭建范围。将想要搭建的形状画在网格纸上，托梁中心两两相距365mm。如果尺寸有变，记得计算出需要多少木料。

你需要

工具

- 铅笔、直尺、卷尺、直角尺、量角器、网格纸
- 销钉和细绳
- 铁锹和独轮手推车
- 带十字螺丝刀钻头的无线电钻
- 匹配螺丝尺寸的钻头
- 横切锯
- 2张便携工作台
- 电动打磨机
- 漆刷

材料

（所有粗锯松木都已计入损耗。所有木料都已经过压缩防腐处理。）

搭建边长为2.62m的方形露台

- 松木：24块粗锯木，3m长、65mm宽、30mm厚（框架和垫木）
- 松木：33块粗锯木，3m长、75mm宽、16mm厚（地板木板）
- 镀锌沉头十字螺丝：100个，55mm，8号；200个，35mm，8号
- 编织塑料布：3m×3m
- 砾石：10辆独轮手推车的量
- 室外木地板涂料

总体尺寸及注解

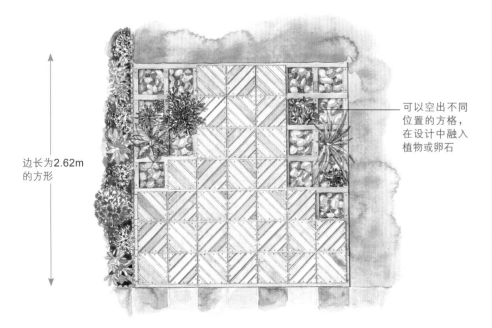

边长为2.62m的方形

可以空出不同位置的方格，在设计中融入植物或卵石

如果空间有限，那么选择这个木工项目再好不过了。也可以用露台来降低一大片草坪的单调感，甚至可以对露台上的木板采用大胆配色。

方格木板露台分解图

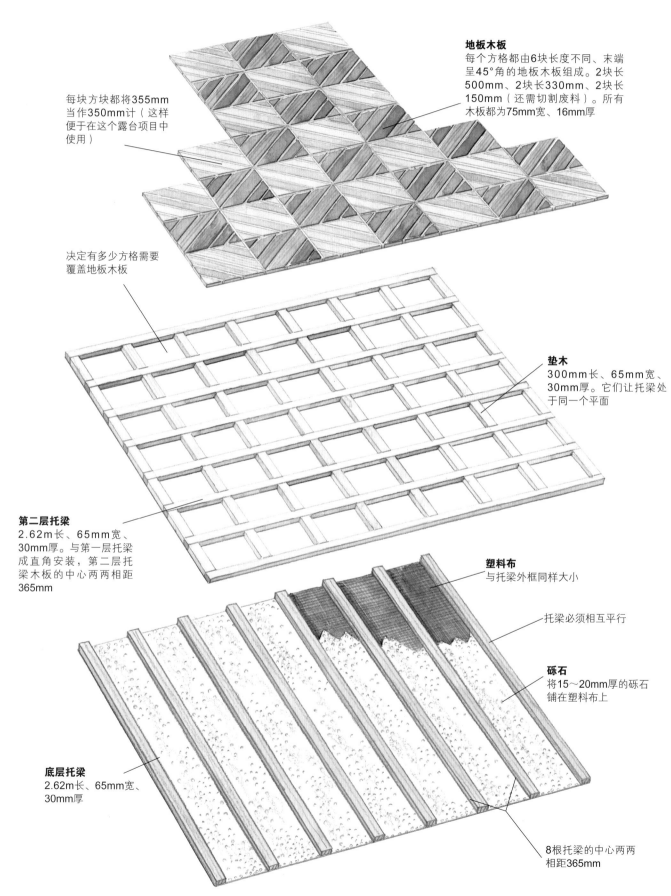

地板木板
每个方格都由6块长度不同、末端呈45°角的地板木板组成。2块长500mm、2块长330mm、2块长150mm（还需切割废料）。所有木板都为75mm宽、16mm厚

每块方块都将355mm当作350mm计（这样便于在这个露台项目中使用）

决定有多少方格需要覆盖地板木板

垫木
300mm长、65mm宽、30mm厚。它们让托梁处于同一个平面

第二层托梁
2.62m长、65mm宽、30mm厚。与第一层托梁成直角安装，第二层托梁木板的中心两两相距365mm

塑料布
与托梁外框同样大小

托梁必须相互平行

砾石
将15~20mm厚的砾石铺在塑料布上

底层托梁
2.62m长、65mm宽、30mm厚

8根托梁的中心两两相距365mm

建造方格木板露台

1 布置底层托梁

将塑料布铺在选好的位置上，在塑料布上覆盖一层 15 ～ 20mm 厚的洗净的砾石。将 8 根托梁并排摆放，并使之相互平行，托梁中心两两相距 365mm。

2 布置第二层

将另外 8 根托梁放置于底层托梁上方，所用方式与上一步骤相同。将它们对齐成网格形式，托梁中心两两相距 365mm。用 55mm 螺丝固定两层托梁。

3 添加垫木

将 65mm×30mm 的木料切割成 300mm 长，制成这个栅格的垫木。将它们放在第一层托梁露出的地方，并与第二层托梁相连。用 55mm 螺丝固定垫木。

4 切割地板木板

观察网格框架，规划好边缘轮廓及栽植方格的位置，计算出需要用地板木板覆盖多少个方格。每个方格需要切割并斜切 6 块地板木板（测量方式见第 54 页）。

5 组装地板木板

根据你规划的图案和结构，用 35mm 螺丝将地板木板安装到框架上。打磨框架。最后，用水稀释涂料为木板露台上色。

带台阶的庭院木平台

难度系数：★★
中等

**建造时间
两个周末**

一天浇铸基底的混凝土块，两天搭建木平台，一天进行最后加工

对有坡度的地方而言，木平台是一个理想选择。无须移动大片土地以求创造出平整区域，而只要调整基座高度，使之适合地面坡度即可。用木平台覆盖陡坡，问题就解决了。一旦木平台搭建好，你就能从全新角度欣赏庭院了——仿佛坐在飞毯上一样。

构思设计

这个大面积的方形木平台在四个角落都有一根支柱，其中一边的中间位置有一小段台阶。将平台框架直接栓在基底上，将基底插入混凝土块里。

开工准备

测量选址，清除地面杂物，确定混凝土块的摆放位置。决定好台阶安在哪边。有序地排列木块，将框架栓在支架上时，请另一个人帮忙校准水平面。

总体尺寸及注解

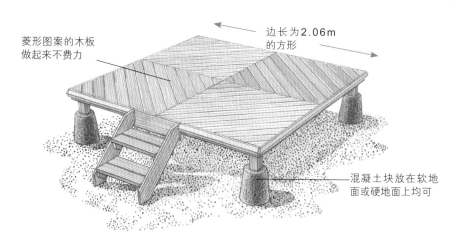

菱形图案的木板做起来不费力

边长为2.06m的方形

混凝土块放在软地面或硬地面上均可

这样的木平台对平地或坡地而言都很合适（根据具体需求改变支柱长度即可）。你可以在木平台上晒日光浴，也可以在木平台上摆放一张桌子和几把椅子。

你需要

工具

- 铅笔、直尺、卷尺、线规、直角尺
- 2张便携工作台
- 横切锯、铁锹、铁铲
- 独轮手推车、水桶、水平仪
- 带十字螺丝刀钻头的无线电钻
- 匹配钉子、螺丝、螺栓尺寸的钻头
- 羊角锤、棘轮扳手
- 电动打磨机

材料

（所有粗锯松木都已计入损耗。所有木料都已经过压缩防腐处理。）

搭建边长为2.06m、约500mm高的木平台

- 松木：1块粗锯木，2m长，方截面边长为75mm（支柱、脚垫、成型砖）
- 松木：10块粗锯木，2m长、70mm宽、40mm厚（框架和托梁）
- 松木：25块刨平的沟纹地板木板，2m长、95mm宽、25mm厚（地板）
- 松木：4块粗锯木，沥青涂层栅栏，2m长、65mm宽、30mm厚（框架镶边）
- 松木：1块粗锯木，3m长、150mm宽、20mm厚（纵梁）
- 松木：沟纹地板木板，3m长、120mm宽、35mm厚（踏板）
- 松木：1块粗锯木，1m长、65mm宽、30mm厚（支架）
- 镀锌方头螺栓：8个，150mm，带配套垫片和螺母
- 镀锌沉头十字螺丝：300个，100mm，8号；300个，75mm，10号；50个，50mm，8号
- 钢钉：1kg，125mm×5.6mm
- 混凝土：1份（25kg）水泥，2份（50kg）纯砂，3份（75kg）骨料
- 6个塑料花盆：约250mm高，边缘235mm宽、底部175mm宽
- 胶带

带台阶的庭院木平台分解图

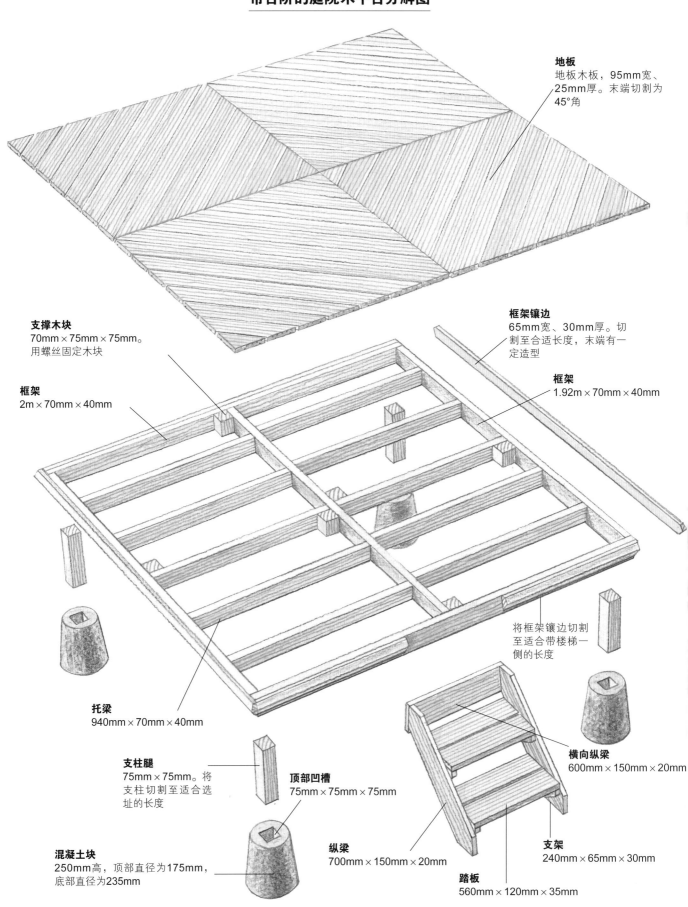

地板
地板木板，95mm宽、25mm厚。末端切割为45°角

框架镶边
65mm宽、30mm厚。切割至合适长度，末端有一定造型

框架
1.92m×70mm×40mm

支撑木块
70mm×75mm×75mm。用螺丝固定木块

框架
2m×70mm×40mm

将框架镶边切割至适合带楼梯一侧的长度

横向纵梁
600mm×150mm×20mm

托梁
940mm×70mm×40mm

支柱腿
75mm×75mm。将支柱切割至适合选址的长度

顶部凹槽
75mm×75mm×75mm

纵梁
700mm×150mm×20mm

支架
240mm×65mm×30mm

混凝土块
250mm高，顶部直径为175mm，底部直径为235mm

踏板
560mm×120mm×35mm

建造带台阶的庭院木平台

1 制作混凝土块

从方截面边长为 75mm 的木板上切割出 6 块 75mm 长的方形木块，在每个塑料花盆里放一块。用胶带固定木块，封住花盆盆底的洞，再用混凝土填满花盆（由于可能会失手，所以请多准备两个花盆）。

2 建造框架

切割木料制作框架（请参考第 58 页）。搭建边长为 2m 的方形框架，将两根位于中央的托梁交叉并连接对立的两侧。用螺丝将 75mm² 的支撑木块固定在框架上（如图所示），加固基本的 T 形接头（使用 100mm 螺丝）。

3 固定二级托梁

框架的每四分之一处都要有二级托梁，这样它们才能构成紧密的楔形，记得要用钉子固定位置。将混凝土块从花盆中取出，移除木料，露出凹槽。

4 将框架与支柱脚相连

每个支柱腿都需要一根支柱，请另一个人帮忙，将支柱腿插入混凝土块的凹槽。把支柱腿固定在框架拐角内侧，检查框架是否水平。将支柱腿的顶部锯至与框架顶部等高。

5 建造台阶

用踏板、纵梁、支架建造台阶，并用 75mm 螺丝将其固定到框架上。将框架边缘切割至合适尺寸，改变两端形状，打造整洁拐角，覆盖锯木两端。用 50mm 的螺丝将其固定在框架上。

6 建造地板

切割适合地板尺寸的地板木板，用 75mm 螺丝将它们固定在托梁顶部。最后，用打磨机打磨锯木两端，直至略微圆润光滑。

长椅与护栏

如果你想在木平台区域摆放一张长椅，可以尝试这个木工项目。由于将长椅放在木平台边缘时有潜在的危险，我们设计了一个护栏作为安全屏障。护栏中扶手部分和栏杆部分的设计可轻松调整为与现有木平台相匹配的风格。如果你愿意，还可以把长椅固定在木平台和护栏上，让结构更加牢固。

**建造时间
两个周末**

两天制作长椅，
两天制作护栏

构思设计

长椅与护栏都设计成可以直接使用现成材料制作的款式。对本书中的许多木工项目而言，外形都比功能重要，这意味着这个项目在庭院中的颜值至少与这个项目的功能一样重要。因此，你对设计修改与否都无伤大雅。

然而，对长椅和护栏而言，功能至关重要。长椅和护栏是否安全是需要考虑的首要因素（对护栏而言尤为如此，它们的高度必须恰到好处、结构必须结实，这样才能经得起磨损）。

因此，在你对设计做出任何结构上的重大修改时，请仔细思考。

最后，我们利用室外涂漆让整个设计更加美观。

开工准备

观察室外木平台，思考摆设长椅和护栏的最佳位置。长椅的重量必须平均分摊在木平台的托梁上，而护栏则必须栓在一根或多根主托梁上。我们将护栏固定在露台相对较低的两条边上，但如果你的木平台区域远高于地面，那么最好在四周都装上护栏。

你需要

工具

- 铅笔、直尺、卷尺、直角尺
- 2张便携式工作台
- 横切锯
- 带十字螺丝刀钻头的无线电钻
- 匹配螺丝和螺栓尺寸的钻头
- 棘轮扳手和水平仪
- 电动打磨机

材料

（所有粗锯松木都已计入损耗。所有木料都已经过压缩防腐处理。）

制作1.65m长的长椅和2.122m长、941mm高的护栏

- 松木：3块粗锯木，2m长，方截面边长为75mm（支柱和长椅椅腿）
- 松木：26块粗锯木，2m长、40mm宽、20mm厚（栏杆和扶手）
- 松木：7块粗锯木，3m长、100mm宽、20mm厚（护栏、长椅坐面木板、长椅坐面立板）
- 松木：1块粗锯木，3m长、80mm宽、35mm厚（座椅下的连接梁）
- 镀锌沉头十字螺丝：50个，90mm，10号；100个，35mm，8号
- 方头螺栓：12个，150mm长，带配套螺母和垫圈

总体尺寸及注解

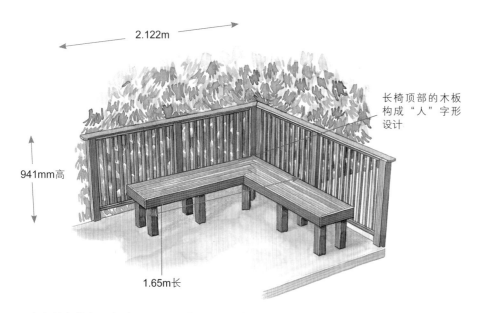

2.122m

941mm高

长椅顶部的木板构成"人"字形设计

1.65m长

图中长椅与护栏的组合适用于各式各样的木板露台，搭建简易。为所有家庭成员提供了一个安全的休闲场所。

长椅与护栏分解图

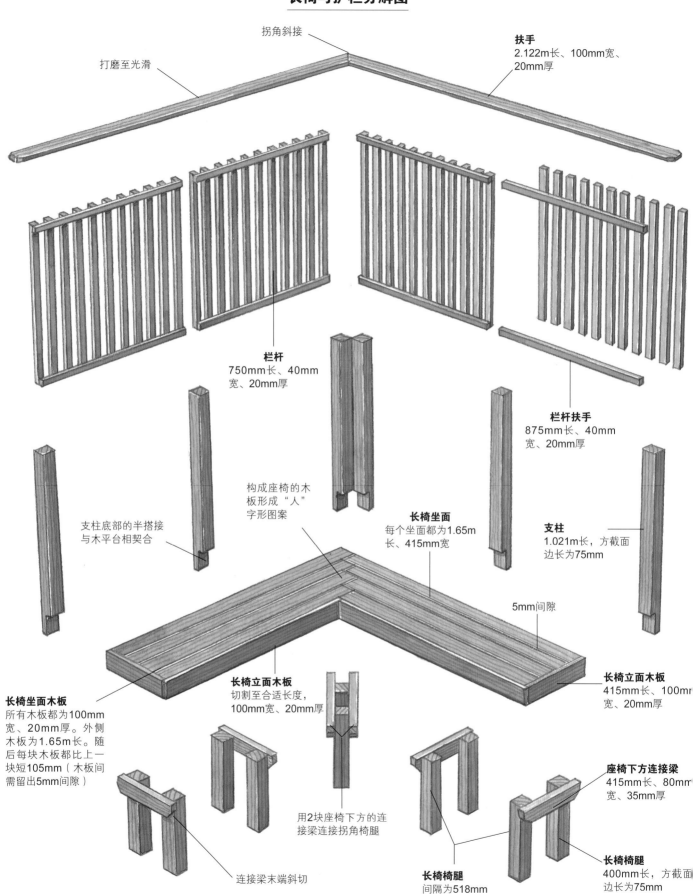

拐角斜接

扶手
2.122m长、100mm宽、20mm厚

打磨至光滑

栏杆
750mm长、40mm宽、20mm厚

构成座椅的木板形成"人"字形图案

长椅坐面
每个坐面都为1.65m长、415mm宽

栏杆扶手
875mm长、40mm宽、20mm厚

支柱底部的半搭接与木平台相契合

支柱
1.021m长，方截面边长为75mm

5mm间隙

长椅立面木板
415mm长、100mm宽、20mm厚

长椅立面木板
切割至合适长度，100mm宽、20mm厚

长椅坐面木板
所有木板都为100mm宽、20mm厚。外侧木板为1.65m长。随后每块木板都比上一块短105mm（木板间需留出5mm间隙）

用2块座椅下方的连接梁连接拐角椅腿

座椅下方连接梁
415mm长、80mm宽、35mm厚

连接梁末端斜切

长椅椅腿
间隔为518mm

长椅椅腿
400mm长，方截面边长为75mm

建造长椅与护栏

1 切割支柱

切割 6 根支柱至所需长度,制作护栏。在支柱一段切割制作半搭接,贴合现有木地板的环梁（外框）。固定支柱。

2 固定支柱和扶手

用 90mm 螺丝和 150mm 的方头螺栓将支柱固定在木平台托梁上。用水平仪测量,确保支柱直立。将 2 块木板切割至所需长度,用 45° 斜接木板顶住拐角。再用 90mm 螺丝将它们固定在支柱顶部。

3 搭建栏杆

用栏杆扶手和栏杆搭建 4 个框架,将它们放在支柱之间,用螺丝固定。让螺丝穿过扶手并旋入栏杆框架顶部。使用 90mm 螺丝。

4 制作长椅椅腿

搭建 5 个"桥梁"框架,作为长椅椅腿。4 个框架成直线布置,双顶框架放在长椅的拐角处。这个步骤使用 90mm 螺丝。

5 固定长椅椅腿和座位

在木平台上固定椅腿的"桥梁"框架,用座位木板将它们相联,使用 35mm 螺丝。注意木板的切割方式,拐角处呈"人"字形图案。

6 制作长椅立面

用与长椅表面平齐的立面包裹住长椅的正面边缘与两端,使用 35mm 螺丝固定。最后,将所有木板的表面打磨光滑。

年轮座椅

我小时候喜欢坐在祖父母的果园中一棵苹果树下古老的年轮座椅上。我现在依然能想象出那时的场景——背靠老树树桩，头顶是树叶与光影交织成的斑驳华盖，脚下是高而茂盛的草地。如果你的庭院有大小合适的小树，这个年轮座椅将成为夏天最亮丽的风景。你可以坐在年轮座椅上，在树荫下休息。记住要预留出让树干生长的空间。

**建造时间
一个周末**

一天制作部件，一天围绕树木组装座位

构思设计

座椅为六边形，在好制作的地方搭建。整体思路就是，在方便的地点进行准备工作，比如车间或车库，然后围绕选中的树木组装。

座椅高于地面约420mm。使用截面为50mm宽、32mm厚的木板制作椅腿。用连接梁将这些椅腿两两相连，打造如图所示的六边形设计。用94mm宽的沟纹木板建造座椅，并覆盖框架顶部。用装饰波纹壁缘或遮檐板给座椅的外侧镶边。

开工准备

寻找适合的树木，决定是否需要根据树干尺寸调整整个项目。将所有木料切割至所需长度，预先堆放好。在选定区域摆放2张工作台，工作开始之前大致准备好工具。

你需要

工具

- 铅笔、直尺、卷尺、直角尺、描图纸
- 2张便携工作台
- 横切锯
- 带十字螺丝刀钻头的无线电钻
- 匹配螺丝尺寸的钻头
- 手动十字螺丝刀
- 电动线锯和电动打磨机
- 一组钳夹

材料

（所有粗锯松木都已计入损耗。所有木料都已经过压缩防腐处理。）

建造直径1.285m的年轮座椅

- 松木：2块粗锯木，3m长、50mm宽、32mm厚（椅腿）
- 松木：2根粗锯木，3m长、75mm宽、20mm厚（顶部连接梁）
- 松木：2根粗锯木，3m长、50mm宽、37mm厚（连接梁）
- 松木：2片刨平沟纹木板，3m长、94mm宽、20mm厚（装饰壁缘）
- 松木：3片刨平沟纹木板，3m长、94mm宽、20mm厚（座椅木板）
- 镀锌沉头十字螺丝：200个，55mm，8号

总体尺寸及注解

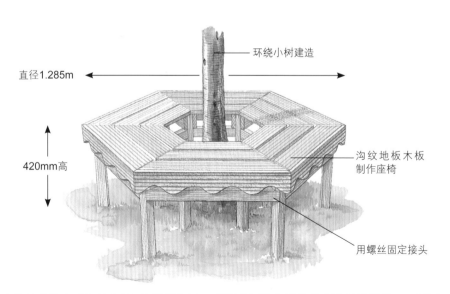

直径1.285m

环绕小树建造

420mm高

沟纹地板木板制作座椅

用螺丝固定接头

这个传统的独立式年轮座椅可以环绕树木，用于地面较为平整的庭院效果最佳。可以用它搭配第74页的带沙坑的露台。

年轮座椅分解图

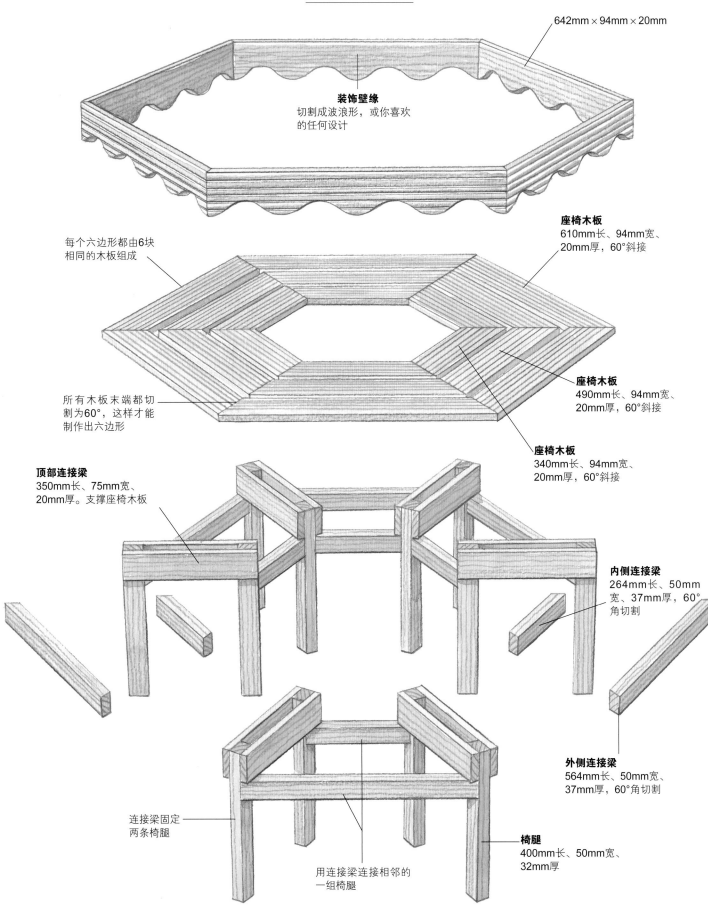

642mm × 94mm × 20mm

装饰壁缘
切割成波浪形，或你喜欢
的任何设计

座椅木板
610mm长、94mm宽、
20mm厚、60°斜接

每个六边形都由6块
相同的木板组成

座椅木板
490mm长、94mm宽、
20mm厚，60°斜接

所有木板末端都切
割为60°，这样才能
制作出六边形

座椅木板
340mm长、94mm宽、
20mm厚，60°斜接

顶部连接梁
350mm长、75mm宽、
20mm厚。支撑座椅木板

内侧连接梁
264mm长、50mm
宽、37mm厚，60°
角切割

外侧连接梁
564mm长、50mm宽、
37mm厚，60°角切割

连接梁固定
两条椅腿

椅腿
400mm长、50mm宽、
32mm厚

用连接梁连接相邻的
一组椅腿

建造年轮座椅

1 建造椅腿

将两条椅腿夹在两条连接梁之间，构成一个 400mm 高、350mm 宽的框架。使用弯头螺丝刀，用两枚螺丝将每条连接梁的两端固定到椅腿上。

2 固定连接梁

在制作 6 条椅腿的时候，用内侧和外侧的连接梁（都切割至所需长度，两端角度为 60°）将每组椅腿固定好。用三个角度相同的长椅组件进行制作。

3 连接框架

在选中的树木周围安装三个相同的长椅组件，间隔排列，形成六边形。将剩余的连接梁用螺丝旋紧，与相邻的长椅组件相连。

4 安装座椅

取座位木板（六个部位，每个部位 3 种不同长度），用螺丝将它们固定在框架顶部。确保锯木两端位于椅腿框架的正中央。

5 制作装饰壁缘

用铅笔在描图纸上画出波纹图案，将画出的线条转印到 94mm 宽的壁缘木板上。用线锯切割，再用打磨机修整锯木边缘。

6 加工

最后，环绕座椅固定并旋紧壁缘木板，这样上边缘才能与座椅顶部齐平。用打磨机将整个座椅区域打磨平整。

阿第伦达克椅

这把民族艺术风椅子的名字来自美国纽约东北部的阿迪朗达克山。最早的阿第伦达克椅正是于19世纪中期，在阿迪朗达克山制成的。椅子侧边流畅的形状、卷起的座位、扇形的靠背、扁平的宽扶手都是阿第伦达克椅的特色所在。最初，阿第伦达克椅都由板条箱、废弃木材、锯木厂废料等废弃物制作而成。

**建造时间
一个周末**

一天搭建基本款椅子，一天进行加工

构思设计

通过将扶手与前椅腿和椅背相连，改良基础款阿第伦达克椅。在扶手和回纹侧板之间固定旋转座位，冬天的时候就可以将椅子折叠收起来。这样的设计只需要使用粗锯木即可，切割也极为简单。

开工准备

留意设计图上不同的长度和不同的截面，然后把木料锯至所需尺寸。将木料分为4组堆放：对基础座椅组件而言，就是前椅腿、扶手、椅背、座椅下方的小木片。

总体尺寸及注解

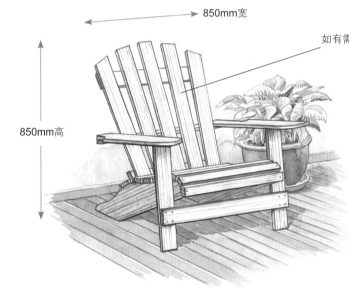

← 850mm宽 →

850mm高

如有需要，可增加椅背高度

这把传统美式座椅由4种基本的20mm厚木料制作而成，它们的宽度分别为：150mm、100mm、70mm、35mm。

你需要

工具

- 铅笔、直尺、卷尺、圆规、直角尺
- 2张便携工具台
- 横切锯
- 电动线锯
- 带十字螺丝刀钻头的无线电钻
- 匹配螺丝尺寸的钻头
- 电动打磨机
- 漆刷

材料

（所有粗锯松木都已计入损耗。所有木料都已经过压缩防腐处理。）

制作850mm宽、850mm高的阿第伦达克椅

- 松木：2块粗锯木，2m长、150mm宽、20mm厚（侧板和扶手木板）
- 松木：3块粗锯木，2m长、100mm宽、20mm厚（前椅腿、连接木板、阻挡木板）
- 松木：6块粗锯木，2m长、70mm宽、20mm厚（椅背、背部支撑、扇形支撑条、宽座椅木板）

- 松木：1块粗锯木，2m长、35mm宽、20mm厚（窄座椅木板）
- 松木：1块粗锯木，1m长，方截面边长为35mm（座椅下方的固定木块）
- 镀锌沉头十字螺丝：100个，35mm，8号；若干15mm的8号螺丝（够安装折叶使用即可）；2个，100mm，10号（带匹配垫圈）
- 折叶：4个涂漆的200mm长的T形折叶（用于大门的那种）
- 室外哑光白色水泥漆
- 丹麦油

阿第伦达克椅分解图

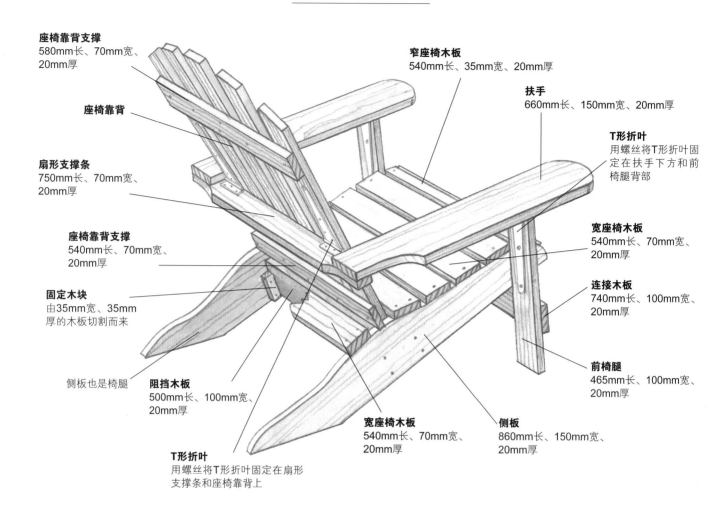

座椅靠背支撑
580mm长、70mm宽、
20mm厚

座椅靠背

扇形支撑条
750mm长、70mm宽、
20mm厚

座椅靠背支撑
540mm长、70mm宽、
20mm厚

固定木块
由35mm宽、35mm
厚的木板切割而来

侧板也是椅腿

阻挡木板
500mm长、100mm宽、
20mm厚

T形折叶
用螺丝将T形折叶固定在扇形
支撑条和座椅靠背上

窄座椅木板
540mm长、35mm宽、20mm厚

扶手
660mm长、150mm宽、20mm厚

T形折叶
用螺丝将T形折叶固
定在扶手下方和前
椅腿背部

宽座椅木板
540mm长、70mm宽、
20mm厚

连接木板
740mm长、100mm宽、
20mm厚

前椅腿
465mm长、100mm宽、
20mm厚

宽座椅木板
540mm长、70mm宽、
20mm厚

侧板
860mm长、150mm宽、
20mm厚

折叠形态

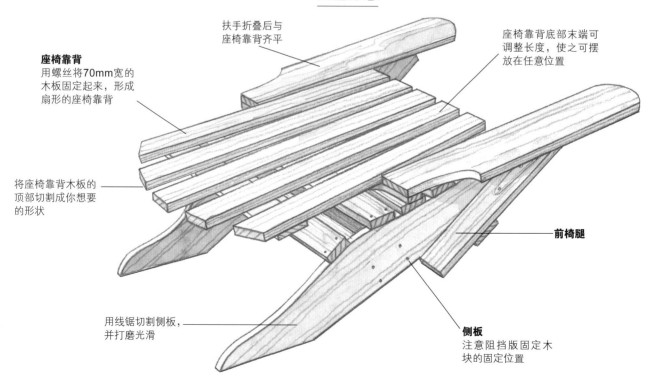

扶手折叠后与
座椅靠背齐平

座椅靠背底部末端可
调整长度，使之可摆
放在任意位置

座椅靠背
用螺丝将70mm宽的
木板固定起来，形成
扇形的座椅靠背

将座椅靠背木板的
顶部切割成你想要
的形状

用线锯切割侧板，
并打磨光滑

前椅腿

侧板
注意阻挡版固定木
块的固定位置

椅子部件

使用25mm的网格纸把设计描到木板上

侧板
860mm长、150mm宽、20mm厚。用线锯切割并雕刻形状

850mm长，调整至合适角度

860mm长

25mm网格

810mm长，调整至合适角度

座椅靠背支撑
580mm长

扶手
660mm长、150mm宽、20mm厚

阻挡木板
500mm长、100mm宽、20mm厚

背部靠椅的所有木板都为70mm宽、20mm厚

前椅腿
465mm长、100mm宽、20mm厚

固定木块
由35mm宽、35mm厚的木板切割而来

扇形支撑条
750mm长、70mm宽、20mm厚（25mm网格）

座椅靠背支撑
540mm长。位置可根据你的椅子调整

窄座位木板
540mm长、35mm宽、20mm厚

宽座位木板
540mm长、70mm宽、20mm厚

椅子侧视图

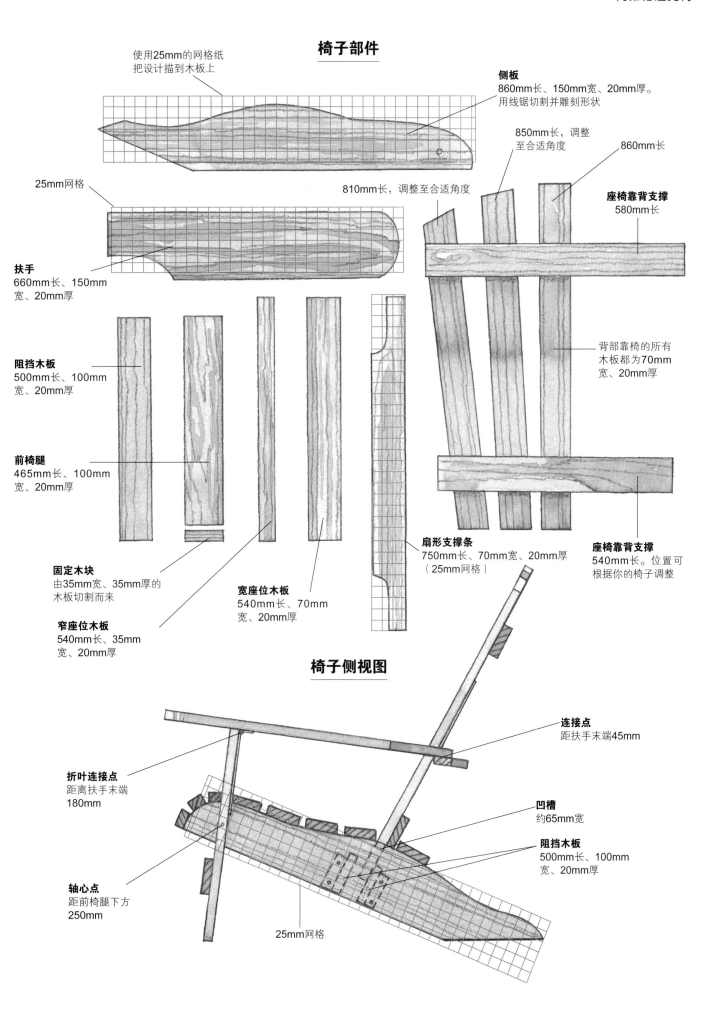

连接点
距扶手末端45mm

折叶连接点
距离扶手末端180mm

凹槽
约65mm宽

阻挡木板
500mm长、100mm宽、20mm厚

轴心点
距前椅腿下方250mm

25mm网格

制作阿第伦达克椅

1 切割木板

在合适的木板上画弧线，制作 2 个扶手、2 块侧板、5 块椅背木板、1 块连接扶手末端和椅背的扇形支撑木条。使用线锯打磨形状。

2 制作座椅

取 3 块窄座椅木板和 4 块宽座椅木板，用 35mm 螺丝将它们固定在两侧木板上（稍后再添加最后的宽座位木板）。两侧必须相互平行，同时与座位呈直角。

3 制作椅腿

用两块木板制作前椅腿，并用连接梁将它们连接起来，制作有特色的 H 形框架，记住每个交叉点都用 4 个 35mm 螺丝固定。

4 为扶手安装折叶

将两个扶手面朝下放好，用折叶将它们与 H 形框架的正面相连。注意安好连接板，使它能够连接到前椅腿。

5 连接扇形支撑

用螺丝将扇形支撑木条固定在 2 块扶手木板上，始终确保所有组件都相互垂直。

6 制作椅子的转轴

在侧板钻好导孔。将垫圈滑入100mm 螺丝上，再把螺丝连带垫圈旋入侧板孔中，直至前椅腿。

7 制作插槽

固定椅子，让座位的顶部处于最突出的位置，用 35mm 螺丝将八分之一的座椅木板固定好。在 2 块八分之一的木板之间留出一条 65mm 的缝隙，作为椅背的插槽。

8 固定阻挡木板

在座椅最高处的底部，用 35mm 螺丝和座椅底部的固定木块来固定 2 块阻挡木板（它们能将椅背固定在插槽里）。先将木块旋入插槽，然后将木块旋入侧板。

9 制作椅背

取 5 块椅背木板，将它们完好的一面朝下，排列成扇形。在椅背支撑木条的底边摆出不超过 500mm 的扇形。用 35mm 螺丝固定 2 块背部支撑板。

10 固定椅背

将椅背滑入插槽，抬高扶手，使之得到更好的支撑，用 15mm 螺丝和折叶将椅背与扇形支撑木条相连。涂漆，等晾干后把边角的漆擦掉，打造做旧的效果，然后涂上丹麦油。

带沙坑的露台

难度系数：★★★
高阶

**建造时间
一个周末**

一天搭建基本结构，一天固定木板并加工

想象一下，阳光灿烂的一天，你到室外木平台放松身心，伸着懒腰，头顶一片斑驳的绿荫，孩子在你身边的沙坑里快乐地玩耍。如果你选择建造带沙坑的露台，只需一个周末的工夫，这个想象中的场景就会变为现实。框架长2.9m、宽2m，但你可以自行放大或缩小总体尺寸，使之适合你的庭院。

构思设计

木平台上有可以填充沙和树的坑。用稍微修整过的地板木板环绕沙坑，这样可以让木平台表面与横梁顶部之间形成木板那么厚的台阶，作为防止宠物陷入的地板盖的凸缘。小孩可能会在木平台上爬来爬去，请确保所有防腐木材都涂了密封胶。

开工准备

观察选址，选择带合适树木的水平区域。测量树的周长，决定沙坑的位置。须格外仔细地选择木料，确保没有死节、没有开裂。

总体尺寸及注解

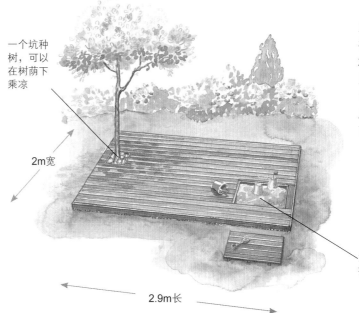

一个坑种树，可以在树荫下乘凉

2m宽

2.9m长

露台由地板木板（100mm 宽、20mm 厚）组成，用（方截面边长为100mm 的）托梁制成。托梁的中心两两相距400mm。

沙坑带地板盖，保持沙子的清洁

你需要

工具

- 铅笔、直尺、卷尺、直角尺
- 销钉和细绳
- 2张便携工作台
- 横切锯
- 带十字螺丝刀钻头的无线电钻
- 匹配螺丝尺寸的钻头
- 羊角锤
- 电动打磨机
- 漆刷

材料

（所有粗锯松木都已计入损耗。所有木料都已经过压缩防腐处理。）

建造2.9m长、2m宽的露台

- 松木：8块粗锯木，2m长，方截面边长为100mm（托梁）
- 松木：22块粗锯木，3m长、100mm宽、20mm厚（地板木板、框架、立板）
- 松木：1块粗锯木，2m长、40mm宽、20mm厚（沙坑地板盖木条）
- 编织塑料布：3m长、2m宽（铺在下

层地板下方）

- 钉子：1公斤，125mm×5.6mm
- 镀锌沉头十字螺丝：300个，50mm，8号；50个，35mm，8号
- 哑光木地板密封胶
- 细沙：50kg，洗净的细沙

带沙坑的露台分解图（一）

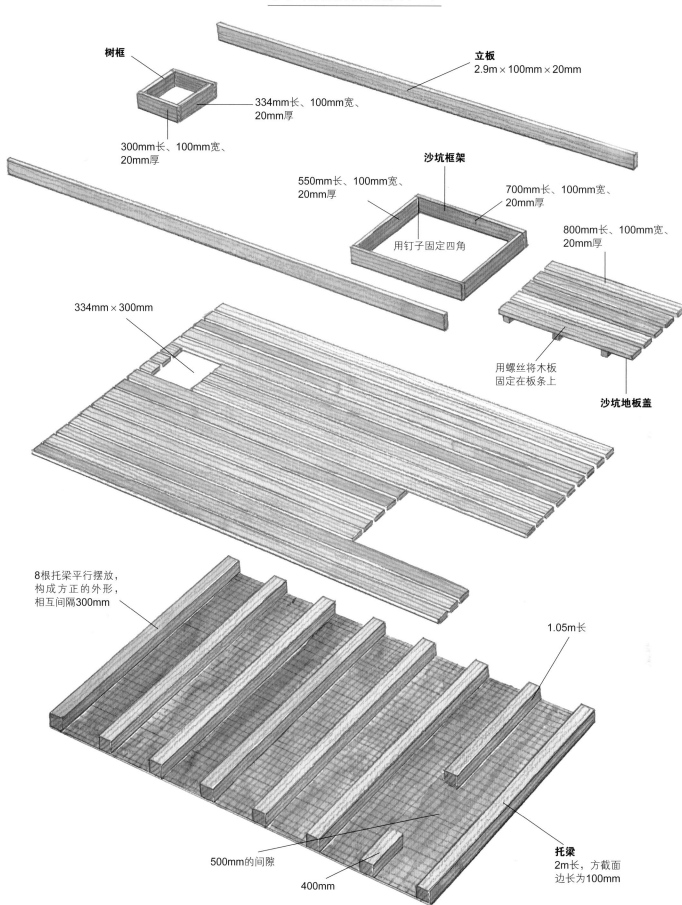

树框

立板
2.9m × 100mm × 20mm

334mm长、100mm宽、20mm厚

300mm长、100mm宽、20mm厚

沙坑框架

550mm长、100mm宽、20mm厚

700mm长、100mm宽、20mm厚

用钉子固定四角

800mm长、100mm宽、20mm厚

334mm × 300mm

用螺丝将木板固定在板条上

沙坑地板盖

8根托梁平行摆放，构成方正的外形，相互间隔300mm

1.05m长

500mm的间隙

400mm

托梁
2m长，方截面边长为100mm

带沙坑的露台分解图（二）

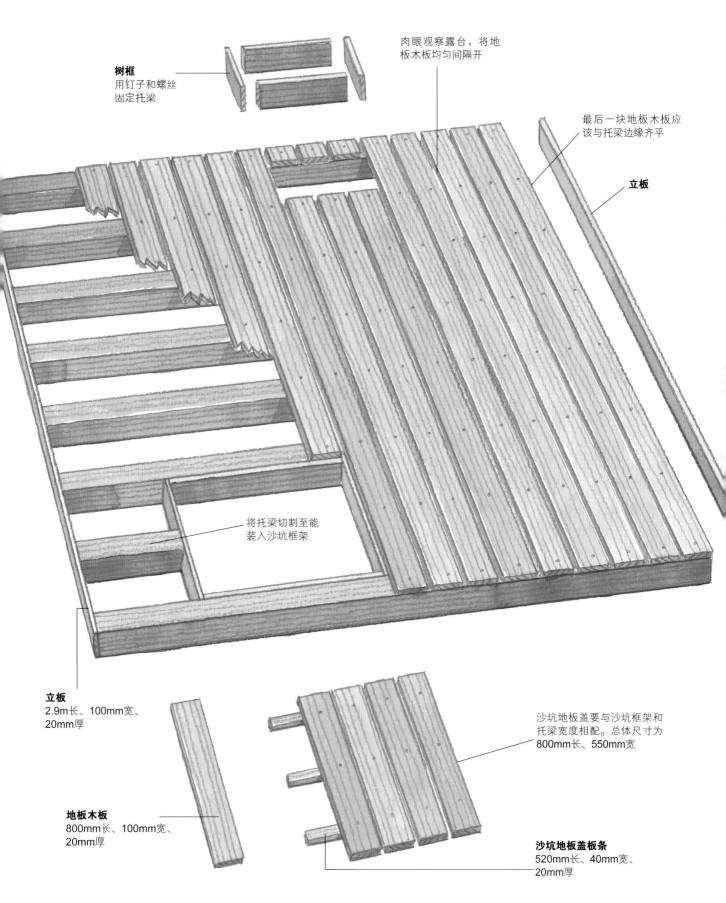

树框
用钉子和螺丝
固定托梁

肉眼观察露台，将地
板木板均匀间隔开

最后一块地板木板应
该与托梁边缘齐平

立板

将托梁切割至能
装入沙坑框架

立板
2.9m长、100mm宽、
20mm厚

沙坑地板盖要与沙坑框架和
托梁宽度相配。总体尺寸为
800mm长、550mm宽

地板木板
800mm长、100mm宽、
20mm厚

沙坑地板盖板条
520mm长、40mm宽、
20mm厚

建造带沙坑的露台

1 切割托梁

将托梁切割至（适合沙坑区域的）所需长度，并将它们与两快地板木板一起摆放好，这样能很直观地看到这个木工项目的完工效果如何。确定它们与树的位置关系。

2 固定托梁

用梭织塑料布覆盖整片区域，在树周围留个坑。放好托梁，将他们铺在塑料布上，注意摆放时相互平行。每条边都用地板木条进行固定，每个交叉点都使用一个螺丝。

3 制作方正框架

为了确保框架成直角，请量好对角线，调整框架，直至对角线相等。每个拐角都要多加一个螺丝固定。

4 建造框架

搭建两个框架：一个框架环绕树，一个框架环绕沙坑。用钉子和螺丝将框架固定在托梁之间。

5 固定平台木板

切割并摆好所有长平台木板，它们是框架的长边。用螺丝将它们固定在托梁上。让它们与两个框架的侧边齐平。在木板之间留下一个550mm的空间作为沙坑，一个334mm的空间用来种树。

6 完成平台木板

切割并安装所有其他较短的地板木板，按照前面的步骤将它们间隔开来。用地板木板环绕沙坑框架，形成沙坑地板盖的凸缘，并与绕树框架齐平。切割制作沙坑地板盖的木板。

7 固定立面

沿着平台木板的两条长边固定立面，用立面覆盖托梁末端。固定木板边缘，让它们与地板木板的表面齐平。

8 制作沙坑地板盖

将沙坑地板盖的木板固定在三块木板上。把它们间隔开来，使之与其余地板木板保持同一形式。最后，用打磨机将木板打磨光滑，在所有木板表面涂两到三层哑光密封胶，并填充沙坑。

山坡木平台

山坡木平台专为缓坡而设计。只要将支柱切割至适合山坡的长度，然后把支柱栓在平台上、嵌入混凝土里即可。可以轻松调整结构，使之适合任何位置。这个项目由三个基本平台构成：一个是地面标高的平台，一个是高于山坡的平台，一个是作为台阶的迷你平台。

构思设计

在拐角处对接并用螺丝固定托梁，然后栓到支柱上。高平台与低平台成45°角。将三个平台作为独立组件搭建，你可以自行改变设计，使之与山坡及庭院整体结构相契合。

开工准备

规划好平台与平台之间的位置关系。如果你觉得难以想象，那么可以先搭建一个低平台，把它放在地面。然后搭建高平台，将它四处移动，直至找到你觉得合适的位置。

总体尺寸及注解

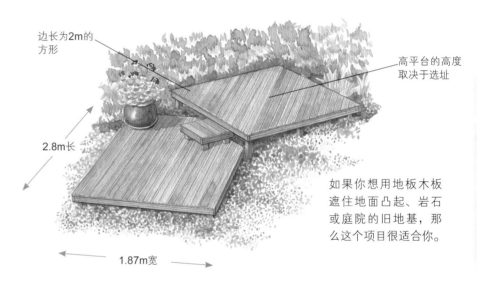

边长为2m的方形

高平台的高度取决于选址

2.8m长

1.87m宽

如果你想用地板木板遮住地面凸起、岩石或庭院的旧地基，那么这个项目很适合你。

你需要

工具

- 铅笔、直尺、卷尺、直角尺
- 2张便携工作台
- 横切锯
- 带十字螺丝刀钻头的无线电钻
- 匹配螺丝和螺栓尺寸的钻头
- 铁锹
- 固定螺栓的扳手
- 独轮手推车
- 水桶
- 铁铲和勾缝刀
- 水平仪

- 长柄大锤
- 电动打磨机

材料

（所有粗锯松木都已计入损耗。所有木料都已经过压缩防腐处理。）

搭建2片木平台：2.8m×1.87m；2m²

- 松木：5块粗锯木，2m长、方截面边长为75mm（支柱）
- 松木：22块粗锯木，2m长、85mm宽、40mm厚；2块，3m长、85mm宽、40mm厚（托梁、框架、木架横撑）
- 松木：34块粗锯木，3m长、100mm

宽、20mm厚（地板木板）
- 松木：2块粗锯木，3m长、35mm宽、20mm厚（临时板条）
- 镀锌沉头十字螺丝：300个，40mm，8号；100个，90mm，10号
- 镀锌方头螺栓：30个，150mm，带配套的螺母和垫圈
- 混凝土：1份（50kg）水泥，2份（100kg）纯砂，3份（150kg）骨料

山坡木平台分解图（一）

高平台
边长为2m的方形

木板呈斜线排列

高平台框架

外框
1.92m长、85mm
宽、40mm厚

外框：2m长、85mm
宽、40mm厚

托梁
940mm长、85mm
宽、40mm厚

用支柱支撑
框架中央

台阶平台
用螺丝固定在
低平台上

支柱
方截面边长75mm，切割
至适合选址的长度

地板木板
2.8m长、100mm
宽、20mm厚

低平台
调整角度直至对齐

地板木板间隔开来，
契合框架

低平台框架

1m长

拐角处为斜角

外框
2.8m长、85mm
宽、40mm厚

2m长

用螺丝将木架横撑或
垫片固定在托梁中
间，防止框架扭曲

托梁
1.79m长、85mm
宽、40mm厚

将支柱栓在拐角处

支柱
方截面边长为75mm，
切割至适合选址的长度

1.79m长

山坡木平台分解图（二）

地板木板
2.8m长、100mm
宽、20mm厚

通过目测将平台
木板间隔开来

2m

上平台

2m

两个平台之间的角度可
调整至适合选址的角度

低平台

1.87m

台阶分解图

将木板切割至
适合制作台阶

支柱
切割支柱，使之适合高度
不同的两个木平台

台阶框架
588mm长、85mm宽、
40mm厚

台阶框架
508mm长、85mm宽、
40mm厚

建造山坡木平台

1 规划

使用托梁在地面上规划总体设计。计算出低平台的精确尺寸，确定支柱坑的位置。

2 低平台框架

切割外框木料，将木块抵在拐角处，用 90mm 螺丝固定。切割适合框架的斜角木料。使用 40mm 螺丝将临时木条旋入对角木条，固定框架。

3 固定托梁

切割托梁并放在外框内，让每根托梁中心间隔略超过 300mm。每个接口用两枚 90mm 螺丝固定。

4 挖柱坑

将框架水平地放在地面，确定支柱在框架内的位置。为每根支柱挖一个 300mm 深的坑，将支柱固定好，修整至适合框架离地高度的长度。

5 连接支柱

将支柱栓在框架上，让支柱顶部与框架顶部齐平。重复以上所有步骤，制作高平台并固定好。

6 检查水平高度

用水平仪检测每个框架，确保它们保持水平。用长柄大锤将支柱打入地面，或用余料垫高框架，以此进行微调。

7 用混凝土固定支柱

将两个框架插入支柱坑。混合混凝土并填入坑内，环绕支柱填充至接近地面高度。将混凝土铲平至与地面等高，并修整成能防止雨水流入支柱的形状。

8 固定木平台

用 40mm 的螺丝将地板木板旋入高平台框架里，让它们与边框成 45°。用横切锯切除末端余料，让木平台边缘与框架平行。固定低平台的地板木板。

9 搭建台阶

重复步骤 1 至步骤 8，搭建能够充当台阶的小平台（调整至适合你所设计的木平台）。用 90mm 的螺丝将台阶旋入低平台，让螺丝以直角贯穿基座。最后，将成品打磨光滑。

傍水升高木平台

傍着水景的升高木平台是庭院中令人激动的美妙景致。站在高处俯瞰湖面、河流、海洋的感受十分奇妙。这个木工项目需要耗费很多时间，对很多人来说是一个挑战，但设计简单易懂。施工顺序是先将支柱插入混凝土，再将框架固定在支柱上，确定木平台的水平高度，最后用托梁填充框架。

**建造时间
两个周末**

一个周末制作基本框架，第二个周末制作栏杆和细节

构思设计

将木板铺在托梁上，修整支柱以确定扶手高度，然后制作扶手。

开工准备

将五分之三的支柱插入地面，但可根据自家庭院具体情况进行调整。观察选址，决定搭建木平台的位置，再考虑需要将多少支柱插入混凝土中。

总体尺寸及注解

3.180m长

1.005m高

2.065m宽

傍水升高木平台专门设计成搭建在河岸边或悬于池塘上的式样。栏杆扶手和木平台入口的位置都可以调整。

你需要

工具

（警告。由于施工场所在水边，因此使用的电动工具必须连上断电器。）

- ✓ 铅笔、直尺、卷尺、直角尺
- ✓ 2张便携工作台
- ✓ 横切锯
- ✓ 铁锹和铁铲
- ✓ 与所选螺母尺寸相配的扳手
- ✓ 长柄大锤
- ✓ 水平仪
- ✓ 带十字螺丝刀钻头的无线电钻
- ✓ 匹配螺丝和螺栓尺寸的钻头
- ✓ 独轮手推车、水桶、泥铲
- ✓ 电动线锯
- ✓ 一组夹钳
- ✓ 电动打磨机

材料

（所有粗锯松木都已计入损耗。所有木料都已经过压缩防腐处理。）

搭建3.180m长、2.065m宽、1.005m高的升高木平台

- ✓ 松木：14块粗锯木，3m长，方截面边长为75mm（10根主支柱和二级支柱，托梁支柱，支撑横梁）
- ✓ 松木：15块粗锯木，3m长、87mm宽、40mm厚（托梁、木架横档、临时板条）
- ✓ 松木：27块沟纹地板木板，3m长、120mm宽、30mm厚（地板及任何可能需要使用的台阶）
- ✓ 松木：15块粗锯木，3m长、50mm宽、30mm厚（栏杆扶手和固定板条）
- ✓ 松木：4块粗锯木，3m长、60mm宽、30mm厚（顶部涂沥青漆的扶手）
- ✓ 松木：15块粗锯木，2m长、40mm宽、20mm厚（细长栏杆或竖直扶手）
- ✓ 松木：12块粗锯木，3m长、150mm宽、20mm厚（饰有回纹的宽栏杆木板和中柱柱帽）
- ✓ 镀锌方头螺栓：36个，120mm；16个，180mm。均带配套垫圈和螺母
- ✓ 镀锌沉头十字螺丝：400个，90mm，8号；400个，75mm，10号
- ✓ 混凝土：1份（50kg）水泥，2份（100kg）纯砂，3份（150kg）骨料
- ✓ 硬底层：每根支柱一个水桶

傍水升高木平台分解图

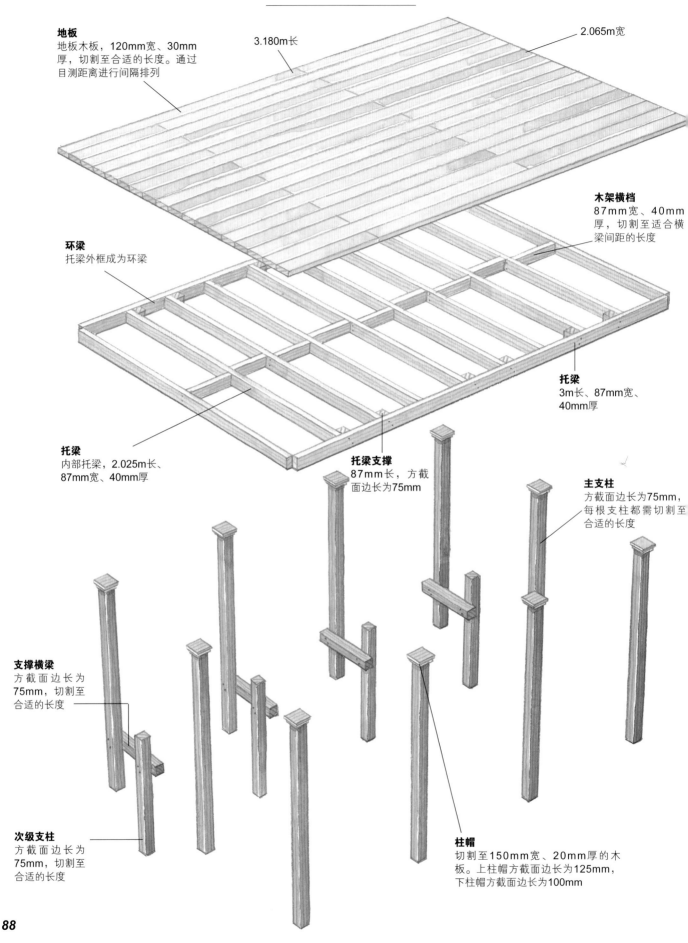

地板
地板木板，120mm宽、30mm厚，切割至合适的长度。通过目测距离进行间隔排列

3.180m长

2.065m宽

木架横档
87mm宽、40mm厚，切割至适合横梁间距的长度

环梁
托梁外框成为环梁

托梁
3m长、87mm宽、40mm厚

托梁
内部托梁，2.025m长、87mm宽、40mm厚

托梁支撑
87mm长，方截面边长为75mm

主支柱
方截面边长为75mm，每根支柱都需切割至合适的长度

支撑横梁
方截面边长为75mm，切割至合适的长度

次级支柱
方截面边长为75mm，切割至合适的长度

柱帽
切割至150mm宽、20mm厚的木板。上柱帽方截面边长为125mm，下柱帽方截面边长为100mm

傍水升高木平台前视图（从水面方向看）

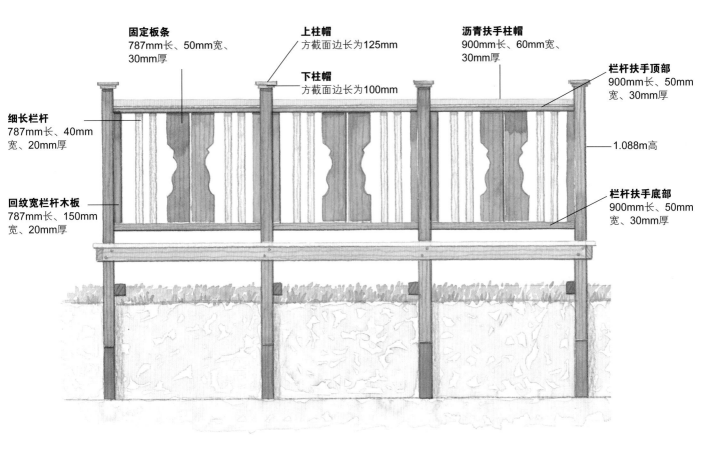

固定板条
787mm长、50mm宽、30mm厚

上柱帽
方截面边长为125mm

下柱帽
方截面边长为100mm

沥青扶手柱帽
900mm长、60mm宽、30mm厚

栏杆扶手顶部
900mm长、50mm宽、30mm厚

细长栏杆
787mm长、40mm宽、20mm厚

回纹宽栏杆木板
787mm长、150mm宽、20mm厚

1.088m高

栏杆扶手底部
900mm长、50mm宽、30mm厚

傍水升高木平台侧视图

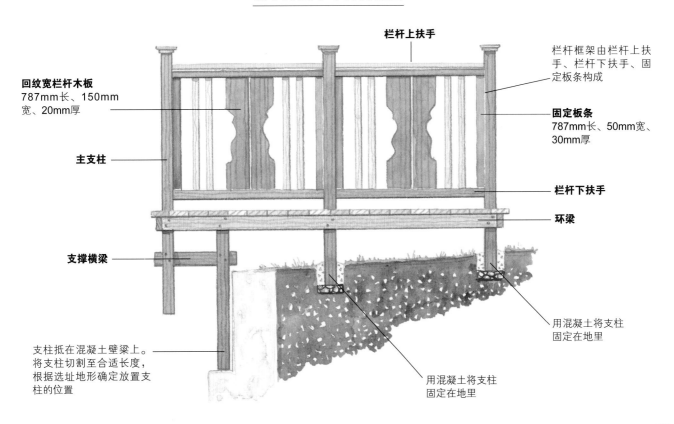

栏杆上扶手

栏杆框架由栏杆上扶手、栏杆下扶手、固定板条构成

回纹宽栏杆木板
787mm长、150mm宽、20mm厚

主支柱

支撑横梁

固定板条
787mm长、50mm宽、30mm厚

栏杆下扶手

环梁

用混凝土将支柱固定在地里

支柱抵在混凝土壁梁上。将支柱切割至合适长度，根据选址地形确定放置支柱的位置

用混凝土将支柱固定在地里

建造傍水升高木平台

1 挖柱坑

给需要插入地里的主支柱挖 300mm 深的坑。插入主支柱。将外圈托梁（环梁）栓在主支柱和二级支柱上，不固定，这一步只是搭建框架。

2 校平

用水平仪检测环梁是否水平。如有必要，请将它们立在硬底层上，调整单根支柱的高度（用长柄大锤夯实硬底层）。用扳手旋紧将支柱固定在环梁上的螺栓。

3 用混凝土固定支柱

用 90mm 螺丝将内侧托梁固定在框架上，再用木架横档和托梁支柱进一步固定。确保整个结构成直角。制作一些混凝土，将它们灌入支柱坑里，环绕支柱，用泥铲抹平。

4 安装二级支柱

使用方头螺栓固定二级支柱、支撑横梁、支撑。将二级支柱锯至与托梁平齐，并用螺丝将临时板条固定在顶部，确保整体框架不变形。

6 切割宽栏杆

在 150mm 宽的栏杆上画出装饰图样，用线锯切割形状并将锯木边缘打磨光滑。

5 固定地板

用 75mm 螺丝将地板木板旋入托梁框架，确保木板之间的连接相互交错。切割并固定主要木板，这样在你从庭院走向木平台时，可以看到楼梯踏级的前缘。

7 制作扶手框架

在地板上制作栏杆框架，用固定板条、栏杆上扶手、栏杆下扶手、沥青扶手柱顶、细长栏杆、回纹宽栏杆完善木平台，让设计更完美。用 75mm 的螺丝将它们固定起来。

8 加工

将栏杆框架夹入支柱内，并用 90mm 螺丝固定。切割并固定上下柱帽，用 75mm 螺丝将它们固定在支柱顶部。最后，用打磨机将整个框架打磨光滑。